制备可再生能源生物柴油的固体催化剂研究

Research on Solid Catalyst for the Preparation of Renewable Energy Biodiesel

张秋云　编著

中国农业大学出版社
· 北京 ·

内容简介

生物柴油具有可再生、可降解、环境友好等优点，大力推进生物柴油产业对缓解我国能源压力、减少环境污染、增加能源安全具有重要意义。本书系统介绍了国内外固体酸、固体碱催化制备生物柴油的相关成果及最新进展，内容包括：生物柴油概况，固体酸催化剂研究概况，固体碱催化剂研究概况；另外，本书还介绍了海藻酸盐复合物、多孔混合金属氧化物、取代型多酸盐固体酸、MOFs材料封装多酸复合催化剂等一系列改性固体酸催化剂的制备，通过XRD、FT-IR、TG、SEM、TEM、N_2-吸附脱附、NH_3-TPD等技术手段对其表面特征及物理化学性质进行分析，并将其应用于催化制备生物柴油，采用单一控制变量法、响应面法等优化了工艺条件。

图书在版编目(CIP)数据

制备可再生能源生物柴油的固体催化剂研究 / 张秋云编著. —北京：中国农业大学出版社，2020.5

ISBN 978-7-5655-2347-2

Ⅰ.①制… Ⅱ.①张… Ⅲ.①制备－再生能源－生物柴油－固体－催化剂－研究 Ⅳ.①TK63

中国版本图书馆CIP数据核字(2020)第058893号

书　名 制备可再生能源生物柴油的固体催化剂研究

作　者 张秋云　编著

策划编辑 梁爱荣　　**责任编辑** 梁爱荣

封面设计 郑　川

出版发行 中国农业大学出版社

社　址 北京市海淀区圆明园西路2号　　**邮政编码** 100193

电　话 发行部 010-62733489,1190　　读者服务部 010-62732336

编辑部 010-62732617,2618　　出　版　部 010-62733440

网　址 http://www.caupress.cn　　**E-mail** cbsszs@cau.edu.cn

经　销 新华书店

印　刷 北京玺诚印务有限公司

版　次 2020年5月第1版　　2020年5月第1次印刷

规　格 787×980　16开本　11.75印张　220千字

定　价 46.00元

前　言

生物柴油是21世纪崛起的新兴能源产业。生物柴油是由食用植物油、非粮植物油、动物脂肪、微生物油脂、地沟油等为原料与甲醇或乙醇等小分子醇发生酯化、酯交换反应生产的一种新型柴油燃料。制备得到的脂肪酸酯分子质量与柴油接近，具有接近于石化柴油的理化性质，且具有可再生、可降解、环境友好等优点，故生物柴油是一种典型的绿色可再生能源。另外，生物柴油中理想的组分是油酸甲酯，由于油酸甲酯的凝点低(−19.9℃)、稳定性好，且可在−20℃的高寒气候下使用，氧化安定性可保持10 h以上。

目前，酯化、酯交换制备生物柴油一般采用酸碱催化法，这是由于该工艺技术对设备要求较低，操作比较灵活，但实际生产中因工艺自身使用的酸碱催化剂也造成一些问题。均相酸、均相碱催化制备生物柴油过程中，在较短的反应时间就能得到较高的转化率，但该过程普遍存在着催化剂易流失不易回收、腐蚀设备、产品后处理产生大量废水、污染环境等问题，阻碍了工业化应用。在当今大力提倡绿色能源的背景下，固体催化剂由于具有易于分离、可循环利用、耐高温、适用于劣质原料等优点，可作为一种高效、环保、新型的绿色催化剂，是催化制备生物柴油的较好选择。

本书系统介绍了国内外各类固体酸、固体碱催化剂催化制备生物柴油的相关成果及最新进展，包括各类固体酸和固体碱的制备、性质、活性、催化行为等。另外，本书还介绍了本团队近年来在改性固体酸设计制备及合成生物柴油方面的研究成果与最新研究进展，主要内容是：海藻酸盐复合物、多孔混合金属氧化物、取代型多酸盐、MOFs封装多酸复合物等一系列改性固体酸催化剂的设计制备，通过XRD、FT-IR、TG、SEM、TEM、N_2-吸附脱附、NH_3-TPD等技术手段对催化剂的表面特征及物理化学性质进行分析，并将其应用于催化酯化反应制备生物柴油，采用单一控制变量法、响应面法等方法优化了工艺条件；同时，介绍了MOFs封装的多酸复合物催化酯化反应体系的动力学和机理。

本书得到了贵州省科技计划院士工作站项目(黔科合平台人才[2016]5602)、贵州省科技厅科学技术基金(黔科合基础[2020]IY054)、贵州省教育厅科技拔尖人才支持计划(黔教合 KY 字[2018]069 号)、贵州省科技合作计划项目(黔科合LH 字[2016]7278 号、黔科合 LH 字[2017]7059 号)、贵州省教育厅创新性重大群体项目(黔教合 KY 字[2017]049 号)及安顺学院农业资源与环境重点支持学科的资助。在课题研究的过程中,得到了张玉涛教授、马培华教授、王家录副教授、蔡杰高级实验师、周开志高级实验师、张红霞教授、邓陶丽老师、程劲松老师等的无私帮助。另外,本研究过程中许多研究生和本科生付出了辛勤的劳动,在此一并致以最衷心的感谢!

由于编者的知识和认识水平有限,研究深度尚需挖掘,且对研究中所涉科学问题的解释和分析存在诸多不足,书中难免存在遗漏或失当之处,敬请各位专家和读者批评指正。

张秋云

2020 年 1 月于娄湖

目　录

第1章　生物柴油概况

生物柴油是一种可再生的、清洁的能源，目前大多采用酸或碱催化酯化、酯交换反应进行制备，它具有十六烷值较高（梁斌，2005）、硫含量较低、润滑性能良好、无毒、废气排放量小等优点，是一种优质的石化燃料替代品。大量实验研究表明，生物柴油可有效地减少颗粒物质 TPM 的排放，且能以一种间接的方式，通过 CO_2 重新转变为碳氢化合物，使 CO_2 净排放量大大降低。总之，生物柴油是一种具有广阔应用前景的新型、可再生、清洁可替代燃料，大力发展生物柴油，对实现国家经济和能源的可持续发展、推进石化能源替代、减轻环境可承受压力、减少污染等方面具有重大的战略意义。科研者经研究发现，使用生物质能源是一种比增加森林资源（作为 CO_2 吸收）更有作为和更有效的策略（赵贵兴，2008）。

1.1　生物柴油简介

生物柴油（biodiesel, fatty acid methyl ester）即脂肪酸甲酯，简称“FAME”，是一种清洁型可再生能源，它可以由长链脂肪酸、植物油、动物油、餐饮废油及微藻油等为原料，经酯化、酯交换反应而制成。据报道，美国可再生能源实验室研究数据表明，燃烧纯的生物柴油（B100）所释放的能量约为同等质量普通石化柴油的90%，相对石化柴油，生物柴油的使用可使 CO、CO_2、微粒及未完全燃烧的碳氢化合物的排放量分别降低 46.7%、78.0%、66.7%和 45.2%（Mccormick，2001）。Makareviciene 等（2005）向低硫柴油中添加 3 wt.%的生物柴油即可充分弥补低硫柴油润滑性能差的缺点。另外，研究分析发现植物油一般由 14～18 个碳链组成，与柴油分子中碳数相近。表 1-1 是生物柴油和普通柴油在理化性质上的比较（忻耀年，2001）。

表 1-1 生物柴油和普通柴油的性能比较(忻耀年,2001)

Table 1-1 Performance comparisons of biodiesel and conventional diesel oil

特　性	生物柴油	常规柴油
冷滤点(CFPP)-夏季产品/℃	−10	0
冷滤点(CFPP)-冬季产品/℃	−20	−20
20℃的密度/(g/mL)	0.88	0.83
40℃动力黏度/(mm^2/s)	4～6	2～4
闪点/℃	>100	60
可燃性/十六烷值	最小 65	最小 49
热值/(MJ/L)	32	35
燃烧功效(柴油=100%)/%	104	100
硫含量/(w,%)	<0.001	<0.2
氧含量/(V,%)	10	0
燃烧 1 kg 燃料按化学计算法的最小空气耗量/kg	12.5	14.5
水危害等级	1	2
3 周后的生物分辨率/%	98	70

1.1.1 生物柴油的性质及优点

生物柴油主要是由碳、氢、氧三种元素组成,并由 16 个左右碳链组成的脂肪酸甲酯,研究发现植物油一般由 14～18 个碳链组成,与柴油分子中碳数相近。其主要成分是油酸甲酯、软脂酸甲酯、棕榈酸甲酯、亚油酸甲酯、硬脂酸甲酯等长链饱和或不饱和脂肪酸同甲醇形成的脂肪酸甲酯等酯类物质(Ziejewski,1984),其主要的化学组成见表 1-2(Rahman,1995)。

表 1-2 生物柴油的化学组成

Table 1-2 Chemical composition of biodiesel

名称	结构式
软脂酸甲酯	$CH_3(CH_2)_{15}COOCH_3$
硬脂酸甲酯	$CH_3(CH_2)_{16}COOCH_3$
油酸甲酯	$CH_3(CH_2)_7CH=CH(CH_2)_7COOCH_3$
亚油酸甲酯	$CH_3(CH_2)_4CH=CHCH_2CH=CH(CH_2)_7COOCH_3$
亚麻酸甲酯	$CH_3(CH_2)_2(CH=CHCH_2)_2CH=CH(CH_2)_6COOCH_3$
十五酸甲酯	$CH_3(CH_2)_{13}COOCH_3$

与传统石油柴油相比，生物柴油具有如下优点：①可再生性；②环境友好性，使用生物柴油可以减少有毒气体的排放，有利于酸雨的控制及缓解温室效应，更有利于环保；③对发动机无腐蚀性，不用更换发动机；④闪点高，不属于危险品，因此，在运输、储存、使用方面是相当安全的；⑤十六烷值较高，燃烧性高于普通柴油；⑥具有较好的润滑性能。

由此可知，生物柴油是替代石化燃料的理想燃料之一。另外，生物柴油在燃烧过程中排放的CO_2量远远低于植物在生长过程中吸收的CO_2的量，大大改善了由于CO_2的排放引起的全球变暖这一全球性的重大环境问题，因此，生物柴油是一种真正的新型绿色环保型替代燃料。

1.1.2 国内外生物柴油的发展和现状

近几十年来，由各种油脂制备生物柴油作为石化燃料的替代物，已引起了世界各国的广泛关注，表1-3列出了欧洲各国生产生物柴油的情况。据相关数据分析，2007—2018年全球生物柴油产量由900万t增加到3840万t，其中2007—2011年原油价格不断抬升，导致生物柴油产量增速较快，达到27%；2002—2018年原油价格有所回跌，全球生物柴油产量增速放缓，增速仅为8%。目前，全球生物柴油生产的主要国家和地区有欧盟、美国、巴西、阿根廷和印度尼西亚，欧盟是最大的生物柴油生产者和消费者，占全球生物柴油产量的37%，而美国占8%，巴西占2%。自1993年开始欧盟生物柴油产量有了较大的增长，2005年欧盟的生物柴油产量已达288万t；2007年总产量达810万t；2010年总产量为830万t；2011年和2012年生物柴油总产量保持在900万t；截至2014年，欧盟依然是生物柴油领先，占生产份额的39.06%；2017年欧盟生物柴油产量为1346万t、消费量为1355万t。据美国农业部估计，欧盟在2007年的生产能力为1465.7万t，2010年达到3049.9万t；而美国是除欧盟之外的第二大生物柴油生产区，根据美国能源信息署(EIA)的统计资料，美国2008年上半年的生物柴油产量已经达到了146万t，超过了2006年和2007年同期产量49万t和96万t，2018年生物柴油产量达到18亿加仑(119000桶/日)，美国能源信息署预测2019年美国生物柴油产量达到约20亿加仑(128000桶/日)；在亚洲，马来西亚是生物柴油生产量最大的国家，在2007年产量约有30万t，到2017年生物柴油生产量约有72万t，预计2019年马来西亚生物柴油生产量可达120万t；其次是印度尼西亚，2018年印度尼西亚生物柴油产量达到350万t，高于2017年的295万t。由此可知，世界各国都在大力发展生物柴油，最近几年欧盟制定了一系列促进机制和鼓励政策，鼓励生物柴油等清洁可再生生物质燃料的产业化发展。

表 1-3　欧洲各国生产生物柴油的情况

Table 1-3　Biodiesel production in EC

国家	原　料	生物柴油比例/%	应用情况
德国	油菜籽、豆油、动物脂肪	B5-B20,B100	使用广泛中
奥地利	菜籽油、废油	B100	使用广泛中
法国	各种植物油	B5-B30	研究推广中
意大利	各种植物油	B20-B100	使用广泛中
瑞典	各种植物油	B2-B100	使用广泛中
比利时	各种植物油	B5-B20	使用广泛中
保加利亚	向日葵、大豆油	B100	推广使用中

我国 2007 年原油产量达 18700 万 t,由汽油、柴油、煤油三种油品构成的成品油产量为 19500 万 t,消费量约为 34610 万 t;2008 年原油产量达 18900 万 t,消费量约为 36800 万 t;2009 年原油产量 18949 万 t,进口原油 20379 万 t,原油加工量 37460 万 t;据统计,2017 年中国石油消费量达 5.9 亿 t,原油对外依存度已达 67.4%;预计到 2020 年,缺口 1.6 亿～2.2 亿 t/年。另外,2018 年 BP 公司发布的《BP 世界能源统计年鉴(2018 年)》(第 67 版)的统计数据显示,2017 年全球原油消耗量同比增长 1.8%,石油在全球能源消耗量中的占比与 2016 年基本持平,仍稳定占能源消耗总量的 1/3(BP 集团,2018)。近期来看,发展生物柴油能够缓解石化资源供应紧张的局面;远期来看,它可大量替代进口。另外,由于矿物石油资源的日益枯竭,世界各国都将面临能源短缺危机,同时随着人们物质生活水平的提高和环保意识的增强,人们逐渐认识到使用石化燃料所造成的环境污染,尤其是光化学烟雾、酸雨等现象的出现对动植物及人类的健康造成极大危害,破坏了自然生态链。因此,在当前国际大背景下,发展立足于本国原料,开发并应用绿色、可再生、清洁可替代燃料,是保障我国石油安全的重大战略措施之一。

1.2　生物柴油的制备方法

生物柴油的制备方法分为物理法、化学法及生物法。物理法包括直接混合法和微乳液法;化学法包括高温热裂解法及不同催化条件下的酯化、酯交换反应,是目前生物柴油制备的主要方法。生物法主要是利用酶催化酯交换反应制备生物柴油。

1.2.1 直接混合法

在生物柴油研究初始阶段，人们将天然油脂与柴油、溶剂或醇类混合以降低其黏度，提高挥发度，这就是直接混合法制备生物柴油。该法的优点是方便运输，并具有可再生性；缺点是黏度太高，易变质，燃烧不完全。Adams 等(1983)用直接混合法将脱胶的大豆油与 2 号柴油分别以 1∶1 和 1∶2 的比例混合进行喷射涡轮发动机试验。结果显示，大豆油与 2 号柴油以 1∶1 混合时，会出现润滑油变浑及凝胶化现象，而 1∶2 时不会出现该现象，可用于农用机械替代燃料。

1.2.2 乳化法

乳化法是将动植物油与甲醇、乙醇等溶剂混合制成微乳状液来降低动植物油黏度的方法，也是改善动植物油高黏度的办法之一(Billaud，1995)。微乳液是一种透明的热力学稳定的直径为 1～150 nm 的胶体分散系，由两种不溶的液体与离子或非离子的两性分子混合形成。Johnson(1996)等将生物柴油与石化柴油按质量比 1∶1混合，得到的混合柴油结晶点降低至－20℃以下。

1.2.3 高温裂解法

裂解(Aksoy，1988)是指在无氧条件下高温加热后的降解过程，降解后主要产物成分有：烷烃、烯烃、二烯烃及芳香族等化合物，同时还会产生少量的气体。依据反应条件的不同，热解可分常规热解、快速热解和闪式热解。

1.2.4 酯化法

酯化法是将游离脂肪酸与短链醇进行酯化反应，从而形成长链脂肪酸甲酯(图 1-1)。该法适用于油酸、棕榈酸、月桂酸等与短链醇的酯化反应，也适用于某些高酸值油脂的预酯化反应。另外，可用于酯化反应的短链醇包括甲醇、乙醇、丙醇、丁醇和戊醇等。其中常用的是甲醇，这是因为甲醇的成本低、碳链短及极性强，且得到的脂肪酸甲酯燃烧值高。

$$R_1-\overset{\overset{\large O}{\|}}{C}-OH + ROH \xrightleftharpoons{\text{催化剂}} R_1-\overset{\overset{\large O}{\|}}{C}-O-R + H_2O$$

R_1：不同脂肪酸碳链

R＝甲基，乙基，等

图 1-1　游离脂肪酸与短链醇酯化制备生物柴油

Figure 1-1　Esterification of free-fatty acids with alcohol to produce biodiesel

1.2.5　酯交换法

酯交换法是将甲醇、乙醇等短链醇与甘油三酸酯进行置换反应，将甘油基取代下来，形成长链脂肪酸甲酯(图 1-2)，从而缩短碳链长度，增加产品流动性并降低黏度，使之适合作为燃料使用(陈文，2007)。该法为目前工业生产生物柴油的主要方法，其反应可在常温常压下进行，在酸碱催化剂存在的情况下可以达到较高的生物柴油产率(王志华，2006)。

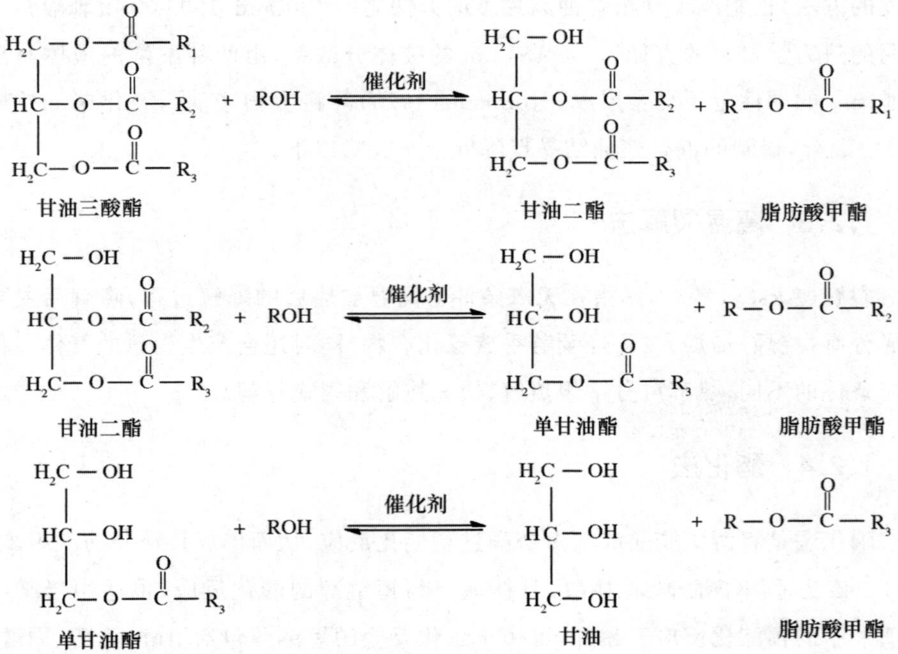

$$\underset{\text{甘油三酸酯}}{\begin{array}{l} H_2C-O-\overset{\overset{O}{\|}}{C}-R_1 \\ \;| \\ HC-O-\overset{\overset{O}{\|}}{C}-R_2 \\ \;| \\ H_2C-O-\overset{\overset{O}{\|}}{C}-R_3 \end{array}} + ROH \xrightleftharpoons{\text{催化剂}} \underset{\text{甘油二酯}}{\begin{array}{l} H_2C-OH \\ \;| \\ HC-O-\overset{\overset{O}{\|}}{C}-R_2 \\ \;| \\ H_2C-O-\overset{\overset{O}{\|}}{C}-R_3 \end{array}} + \underset{\text{脂肪酸甲酯}}{R-O-\overset{\overset{O}{\|}}{C}-R_1}$$

$$\underset{\text{甘油二酯}}{\begin{array}{l} H_2C-OH \\ \;| \\ HC-O-\overset{\overset{O}{\|}}{C}-R_2 \\ \;| \\ H_2C-O-\overset{\overset{O}{\|}}{C}-R_3 \end{array}} + ROH \xrightleftharpoons{\text{催化剂}} \underset{\text{单甘油酯}}{\begin{array}{l} H_2C-OH \\ \;| \\ HC-OH \\ \;| \\ H_2C-O-\overset{\overset{O}{\|}}{C}-R_3 \end{array}} + \underset{\text{脂肪酸甲酯}}{R-O-\overset{\overset{O}{\|}}{C}-R_2}$$

$$\underset{\text{单甘油酯}}{\begin{array}{l} H_2C-OH \\ \;| \\ HC-OH \\ \;| \\ H_2C-O-\overset{\overset{O}{\|}}{C}-R_3 \end{array}} + ROH \xrightleftharpoons{\text{催化剂}} \underset{\text{甘油}}{\begin{array}{l} H_2C-OH \\ \;| \\ HC-OH \\ \;| \\ H_2C-OH \end{array}} + \underset{\text{脂肪酸甲酯}}{R-O-\overset{\overset{O}{\|}}{C}-R_3}$$

R_1, R_2, R_3：不同脂肪酸碳链

R = 甲基，乙基，等

图 1-2　甘油三酸酯与短链醇酯交换制备生物柴油

Figure 1-2　Transesterification of triglycerides with alcohol to produce biodiesel

各种植物油和动物脂肪以及食品工业上的废油，都是生产生物柴油的丰富原料。其中，油料植物资源被称为21世纪的绿色能源，植物界可用于制备生物柴油的植物品种很多，其种子中或汁液中含有大量的碳氢化合物，可通过进一步加工制备成清洁燃料。目前可用于生产生物柴油的能源油料植物资源主要以种植的经济性作物为主。自德国Rudolph Diesel等将花生油作为柴油机的燃料油以来，利用油料植物资源生产生物柴油成为国际研究和应用开发的热点（Goering，1982）。目前，根据产油的可食性分为可食用油料植物和非粮油料植物。可食用油料植物主要有大豆、油菜籽、棕榈、米糠、葵花籽、芥子、文冠果、连翘等。Liang（2013）等采用模板法制备了Na/Al-SBA-15，并用于催化菜籽油制备生物柴油，在醇油摩尔比6∶1，65℃下反应6 h，其转化率达99%。Xu等（2016）在超临界二氧化碳条件下将大豆油转化为生物柴油，其产率达86%。Laskar等（2018）使用废蜗牛壳催化大豆油转化生物柴油，在醇油摩尔比6∶1，催化剂用量为3 wt.%，室温下反应7 h，其产率达98%。非粮油料植物主要有麻疯树、乌桕、续随子、蓖麻、油桐、巴豆、红厚壳、水黄皮等。Zhou等（2015）制备了纳米La_2O_3-S（超声化学法）、纳米La_2O_3-H（水热法）与普通La_2O_3三种催化剂，并以纳米La_2O_3-S（超声化学法）作为最后催化剂催化麻疯树籽油转化生物柴油，在180℃、10 wt.%催化剂用量、28∶1醇油摩尔比、120 min的最优条件时甲酯含量达到97.6%。Zhang等（2015）筛选出梧桐和黄山栾两种非粮油料作为生物柴油原料，对两种油料进行了脂肪酸组成等理化性质的测定。结果显示黄山栾种子含油率高达38.77%，梧桐的种仁含油率为36.47%，且梧桐原油酸值低（1.19 mg KOH/g），可以直接用于酯交换反应制备生物柴油。Abedin等（2016）使用*Alexandrian laurel*作为非粮油料植物制备生物柴油，并对其产品的性质进行了研究，结果显示*Alexandrian laurel*生物柴油能较好地使用在发动机上。Muthukumaran等（2017）采用响应面法优化了非粮油料*Madhuca indica*制备生物柴油的工艺，通过工艺优化，最佳条件下生物柴油产率达88.71%，产品质量达到国际ASTM D6751标准。Le等（2018）也采用橡胶籽油与甲醇酯交换制备生物柴油，其制备的生物柴油产品也达到国际EN 14214/JIS K2390标准。

1.3 发展生物柴油的意义

目前，我国煤的可采储量约为7000亿t标准煤，相对缺气、少油，按2020年前全国能源年总需求量30亿～40亿t标准煤计算，还可以利用200年左右。据国土资源部信息，2007 年我国石油剩余可采储量约为 20.43 亿 t，按目前 1.23 亿～1.7 亿t/年开采，最多可采 26 年，到 2030 年左右将面临枯竭，开发新的能源成为当今世界的热点（周全，2015）。

另外，石化燃料在为城市工厂、交通等各方面提供动力的同时，也对环境造成了巨大的破坏。石化燃料燃烧排放出的硫氧化物、氮氧化物形成了具有破坏性的酸雨，使植物、动物的生长发育受到影响，破坏了生态环境；同时排放的大量二氧化碳造成的温室效应也越来越严重。第二次世界大战以后，世界各国生产力突飞猛进，机械化程度增加，各种化学产品使用量大幅度增加，加之农业的快速发展及农药的大量使用，导致了世界各国在发展现代工业和农业的同时造成了波及范围更广的环境污染和生态破坏等问题，威胁着人类的生存和持续发展。生物柴油是对生态环境及人类友好的可再生资源，随着人们环保意识的增强，发展生物柴油已成为人们关注的焦点（俞丹群，2005）。

参考文献

[1] 梁斌. 生物柴油的生产技术[J]. 化工进展，2005，24(6)：577-585.

[2] 赵贵兴，陈霞，刘丽君，等. 大豆油制备生物柴油的研究[J]. 农产品加工，2008，7(142)：150-153.

[3] Mccormick R L，Graboski M，Alleman T L，et al. Impact of biodiesel source material and chemical structure on emissions of criteria pollutants from a heavy-duty engine[J]. *Environmental Science and Technology*，2001，35(9)：1742-1747.

[4] Makareviciene V，Sendzikiene E，Janulis P. Solubility of multi-component biodiesel fuel systems [J]. *Bioresource Technology*，2005，96(5)：611-616.

[5] 忻耀年. 生物柴油的生产和应用[J]. 中国油脂，2001，26(5)：72-77.

[6] Ziejewski M，Kaufman K R，Schwab A W，et al. Diesel engine evaluation of a nonionic sunflower oil-aqueous ethanol mi Diesel engine evaluation of a nonionic sunflower oil-aqueous ethanol microemulsion croemulsion [D]. *Journal of the American Oil Chemists Society*，1984，61(10)：1620-1626.

[7] Rahman，Maizar. Biodiesel：a promising substitute energy for Indonesia [J]. *Lembaran*，1995，19(1)：33-38.

[8] BP 集团. BP 世界能源统计年鉴(2018 版)，2018. https：// www.bp.com/zh_cn/china/reports-and-publications/_bp_2018-_.html.

[9] Adams C, Peter J F, Rand M. Investigation of soybean oil as a diesel fuel extender: endurance tests [J]. *Journal of the American Oil Chemists' Society*, 1983, 60(8): 1574-1579.

[10] Billaud F, Dominguez V, Broutin P, et al. Production of hydrocarbons by pyrolysis of methyl esters from rapeseed [J]. *Journal of the American Oil Chemists' Society*, 1995, 72(10): 1149-1154.

[11] Johnson M, Lawrence A, Earl G. Soybean oilester fuel blends [P]. US: 5520708, 1996.

[12] Aksoy H A, Kahraman I, Karaosmanoglu F, et al. Evaluation of Turkish sulphur olive oil as an alternative diesel fuel [J]. *Journal of the American Oil Chemists' Society*, 1988, 65(6): 936-938.

[13] 陈文，王存文，张圣利. 碱催化酯交换法制备生物柴油的研究[J].化学与生物工程，2007，24(1)：38-40.

[14] 王志华，孙小嫚，孙桂芳，等. 碱催化法菜籽油制备生物柴油实验研究[J]. 现代化工,2006，26(2)：124-126.

[15] Goering C E, Schwab A W, Daugherty M J, et al. Fuel properties of eleven vegetable oils [J]. *Transactions of the ASAE* [American Society of Agricultural Engineers] (USA), 1982, 25(6): 1472-1477.

[16] Liang C, Wei M C, Tseng H H, et al. Synthesis and characterization of the acidic properties and pore texture of Al-SBA-15 supports for the canola oil transesterification [J]. *Chemical Engineering Journal*, 2013, 223: 785-794.

[17] Xu Q Q, Li Q, Yin J Z, et al. Continuous production of biodiesel from soybean flakes by extraction coupling with transesterification under supercritical conditions [J]. *Fuel Processing Technology*, 2016, 144: 37-41.

[18] Laskar I B, Rajkumari K, Gupta R, et al. Waste snail shell derived heterogeneous catalyst for biodiesel production by the transesterification of soybean oil [J]. *RSC Advances*, 2018, 8(36): 20131-20142.

[19] Zhou Q, Zhang H, Chang F, et al. Nano La_2O_3 as a heterogeneous catalyst for biodiesel synthesis by transesterification of *Jatropha curcas* L. oil [J]. *Journal of Industrial and Engineering Chemistry*, 2015, 31: 385-392.

[20] Zhang H, Zhou Q, Chang F, et al. Production and fuel properties of biodiesel from *Firmiana platanifolia* L. f. as a potential non-food oil source [J]. *Industrial Crops and Products*, 2015, 76: 768-771.

[21] Abedin M J, Kalam M A, Masjuki H H, et al. Production of biodiesel from a

non-edible source and study of its combustion, and emission characteristics: a comparative study with B5[J]. *Renewable Energy*, 2016, 88: 20-29.

[22] Muthukumaran C, Praniesh R, Navamani P, et al. Process optimization and kinetic modeling of biodiesel production using non-edible Madhuca indica oil [J]. *Fuel*, 2017, 195: 217-225.

[23] Le H N T, Imamura K, Watanabe N, et al. Biodiesel production from rubber seed oil by transesterification using a co-solvent of fatty acid methyl esters[J]. *Chemical Engineering and Technology*, 2018, 41(5): 1013-1018.

[24] 周全. 纳米镧基催化剂在生物柴油中的应用研究:硕士论文. 贵州:贵州大学,2015.

[25] 俞丹群,刘纯山,崔士贞. 制备生物柴油的固体碱催化剂的研究[J]. 工业催化, 2005, 13: 368-370.

第 2 章　固体酸催化剂研究概况

传统的生物柴油制备方法大多采用均相催化酯交换法，催化剂为液体（如浓硫酸、盐酸、磷酸、NaOH、KOH 等），虽然能得到较高的生物柴油产率，但存在诸如工艺复杂、成本高、产生大量废水、催化剂与产品难分离及催化剂重复使用困难等较多缺点。而采用新型固体催化剂替代均相催化剂，具有产品与催化剂易分离，不产生废液及催化剂可重复使用等优点。在当今大力提倡绿色革命的背景下，固体催化剂作为一种高效、环保、新型的绿色催化剂，是催化制备生物柴油的较好选择。而固体催化剂又分为固体碱催化剂和固体酸催化剂（Wang，2013；Rashtizadeh，2014；Rashid，2019）。

固体酸是指能使碱性指示剂变色的固体，具体来说就是能给出质子或能够接受孤对电子的固体，即具有布朗斯特酸（Brønsted acid，B 酸）和路易斯酸（Lewis acid，L 酸）活性中心的固体（Zhang，2007；Lee，2014）。目前，固体酸种类较多，大致可分为：固体超强酸、负载型固体酸、金属氧化物及复合物、多金属氧酸盐、沸石分子筛、阳离子交换树脂、离子液体及磺酸功能化固体酸等（Zhang，2020），这些催化剂具有高稳定性、强酸性、高比表面积、易回收再生且制备流程简单、易与产品分离、腐蚀性小等优点，近年来，在催化制备生物柴油领域得到广泛的应用。

2.1　固体超强酸

固体超强酸是指固体表面的酸强度比纯硫酸还强的一类酸，用 Hammett 酸度常数表示时，其酸强度 $H_0 < -11.9$。由于固体超强酸被广泛用于酸催化反应中，其表现出良好的催化效果，在酯化、酯交换制备生物柴油的过程中也表现出较高的催化活性。因此，固体超强酸常被用于制备生物柴油领域。

Li 等（2010）为了有效改善催化剂的催化活性及重复使用性，在 $SO_4^{2-}/ZrO_2\text{-}TiO_2$

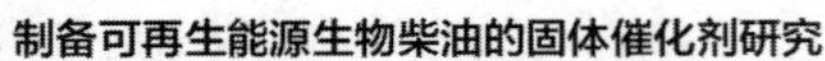

中引入稀有金属 La 元素，设计制备了固体超强酸 $SO_4^{2-}/ZrO_2-TiO_2/La^{3+}$，对催化剂的制备条件及酯化反应条件进行了研究。研究结果显示，在 La 的负载量为 0.1 wt. %，H_2SO_4浸渍浓度 0.5 mol/L，550℃焙烧 3 h 时制备的催化剂表现出最佳的活性，在催化剂用量为 5 wt. %，1 mL（甲醇）/g(脂肪酸)，60℃反应 5 h 酯化率达 95%；为此，作者将固体超强酸 $SO_4^{2-}/ZrO_2-TiO_2/La^{3+}$ 进一步用于酸化油(酸值：119.58 mg KOH/g)酯化反应中。结果表明，醇油摩尔比 15∶1，催化剂用量 5 wt. %，200℃反应 2 h 生物柴油产率达 90%，且该催化剂重复使用 5 次，转化率仍在 90%以上，表明引入稀有金属 La 后有效地改善了催化剂的使用寿命，增强了催化剂的稳定性。

Moreno 等(2011)研究制备了 SO_4^{2-}/SnO_2 固体超强酸催化剂，并对其进行了 XRD、FT-IR、BET 及 TG 等技术表征分析，XRD 谱图显示，随 H_2SO_4 浸渍浓度的增大，衍射峰强度逐渐减弱，这可能是由于 SO_4^{2-} 高度分散在 SnO_2 表面，阻止了催化剂聚集成球状；另外，特征衍射峰变宽显示催化剂主要存在小尺寸的晶形；经 BET 测定，SO_4^{2-}/SnO_2 催化剂的比表面积为 87 m^2/g，表明该催化剂具有一个较高的活性表面。该催化剂在油酸与甲醇的酯化反应中，表现出较好的催化活性，在醇与油酸摩尔比为 10∶1、催化剂用量 3 wt. %、80℃反应 4 h 的最佳条件下，生物柴油转化率达 50%，且具有一定的重复使用性。

Wang 等(2012)用 $ZrOCl_2 \cdot 8H_2O$ 与 Al_2O_3 混合搅拌后，滴加 $NH_3 \cdot H_2O$ 得到沉淀，经过滤、洗涤、干燥，用 H_2SO_4 浸渍后于 550℃焙烧 5 h，得到 $SO_4^{2-}/ZrO_2-Al_2O_3$ 固体超强酸，并用于催化废烹饪油[酸值：(88.4±0.5) mg KOH/g]制备生物柴油，在最佳条件下，生物柴油转化率为 98.4%，该固体超强酸表现出较强的酸催化活性，但作者未对该催化剂的重复使用性进行深入的研究。

Chang 等(2014)制备了聚苯乙烯负载的氟烷基磺酸(sPS-S)固体超强酸催化剂，各种表征手段结果显示，该催化剂虽呈现低比表面积、低磺酸含量，但其催化活性高于其他的商业酸催化剂，且具有较好的重复使用性。

关于固体超强酸在催化酯化、酯交换制备生物柴油中的具体应用见表 2-1。由表 2-1 可知，虽然固体超强酸具有强的酸性及较高催化活性，但目前还处于实验室研究开发阶段，其主要原因可能是固体超强酸存在活性组分流失、催化剂表面结焦积炭、催化剂寿命短等缺点。近年来，为了改善催化剂的催化性能，研究者在载体、促进剂及贵金属引入等方面进行了深入的研究。由此，对固体超强酸进行改性成为研究热点。Hossain 等(2018)制备了 SBA-15 负载的磺酸化 ZrO_2 固体超强酸($S-ZrO_2/SBA-15$)催化剂，其在催化合成生物柴油反应中展现高的产率(96.383%)。

表 2-1 用于酯化、酯交换制备生物柴油的固体超强酸概况

Table 2-1 Production of biodiesel by esterification/transesterification using solid superacids catalysts

序号	催化剂	原料	催化剂用量	醇/油脂摩尔比	反应时间	反应温度	产率 Y 或转化率 C/%	重复使用	参考文献
1	SO_4^{2-}/ZrO_2-TiO_2/La^{3+}	FFAs	5 wt. %	甲醇/FFAs=1 mL/g	5 h	60℃	C=97.8	重复使用6次，C=93.6%	(Li,2010)
2	SO_4^{2-}/SnO_2	油酸	3 wt. %	甲醇∶油酸=10∶1	4 h	80℃	C=50	重复使用3次，C=40%	(Moreno,2011)
3	SO_4^{2-}/SnO_2-SiO_2	餐饮废油	3 wt. %	甲醇∶油=15∶1	3 h	150℃	Y=92.3	未报道	(Man,2009)
4	SO_4^{2-}/ZrO_2-Al_2O_3	餐饮废油	0.3 wt. %	FFAs∶甘油=1∶1.4	4 h	200℃	C=98.4	未报道	(Wang,2012)
5	sPS-S	月桂酸	0.5 wt. %	甲醇∶月桂酸=1∶16	8 h	65℃	Y=100	重复使用10次，Y=88%	(Chang,2014)
6	Fe-Mn-WO_3/ZrO_2	餐饮废油	4 wt. %	甲醇∶油=25∶1	4 h	200℃	Y=96.0	重复使用10次，Y=92.1%	(Alhassan,2015)
7	SO_4^{2-}/Sr-Fe氧化物	油酸	0.8 g	甲醇∶油酸=4∶1	2 h	100℃	C=96.97	重复使用13次，C=84%	(Huang,2015)
8	Mica-Ph-SO_3H	蓖麻油	5 wt. %	甲醇∶油=12∶1	5 h	60℃	Y=90	未报道	(Negm,2017)
9	S-ZrO_2/SBA-15	餐饮废油	2 wt. %	甲醇∶油=10∶1	10 min	140℃	Y=96.383	重复使用5次，Y=90%	(Hossain,2018)

注：FFAs：游离脂肪酸；wt. %：重量含量百分数；h：小时；min：分钟。

2.2 负载型固体酸

负载型固体酸催化剂具有制备成本较低、工艺流程简单、催化活性高、对环境污染小及原料适应性广等优点，常被用于合成生物柴油。负载型固体酸具体来说就是将各种酸的前驱体负载在一种较稳定的物质上，常被用作载体的物质有：Al_2O_3、SiO_2、TiO_2、ZrO_2、MCM-41、SBA-15、SBA-16、TUD-1、KIT-6、碳纳米管及硅藻土等，由于它们热稳定性好，比表面积较大，受到了极大的重视。

Kansedo 等(2012)制备了 SO_4^{2-}/ZrO_2 负载型固体酸，并用于催化棕榈油[游离脂肪酸(FFAs)含量 0.2%]、杧果油(FFAs 含量 6.4%)制备生物柴油。在最优条件下，棕榈油脂交换转化为生物柴油的转化率为 82.8%，杧果油脂交换转化为生物柴油的转化率为 94.1%；另外，本文还对催化剂进行 XRD、FT-IR、TGA 及 BET 等表征，结果显示，SO_4^{2-}/ZrO_2 表现出较好的催化活性可归因于该固体酸催化剂具有强的酸活性中心；同时本文对催化剂重复使用也进行了研究，结果表明，该催化剂重复使用性较差，易吸附水导致催化剂中毒，催化活性下降，生物柴油产率下降。

Wang 等(2012)制备了 $SO_4^{2-}/ZrO_2\text{-}Al_2O_3$ 催化剂，并用于预酯化高酸值废烹饪废油[酸值：(88.4±0.5) mg KOH/g]，在油与游离脂肪酸摩尔比为 1.4∶1，0.3 wt.%的催化剂用量下 200℃反应 4 h，其高酸值废烹饪废油的预酯化率为 98.4%。

Morales 等(2012)将酸性 Ta_2O_5 负载于 SBA-15 分子筛上，制备得到了 Ta_2O_5-SBA-15 负载型固体酸，并用于葵花籽油脂交换反应，在醇油摩尔比 12∶1，催化剂用量为 4 wt.%，200℃条件下反应 6 h，生物柴油转化率达 92.5%，表明该催化剂在酯交换反应中具有较高的催化活性，由各催化剂表征手段分析显示，具有较高催化活性可归因于该固体酸具有高的比表面积(494 m^2/g)和高的酸量(485 μmol NH_3/g)。

Shao 等(2013)采用溶胶凝胶法制备低成本的 $SO_4^{2-}/TiO_2\text{-}SiO_2$ 固体酸，并对该固体酸催化剂进行 XRD、XRF、FT-IR、SEM、TEM、TGA 及 N_2-吸附脱附等分析。数据显示，该负载型固体酸具有一个较高的比表面积(457 m^2/g)，且从傅立叶红外谱图可知催化剂在 943 cm^{-1} 具有吸收峰，可归属为 Ti-O-Si 伸缩振动，表明 TiO_2 被成功引入 SiO_2；另外，该催化剂被用于催化油酸与甲醇酯化反应，在甲醇与油酸摩尔比 20∶1，催化剂用量为 10 wt.%，120℃反应 3 h 的条件下，生物柴油产率达 93.7%，该催化剂重复使用 3 次，油酸转化率降低为 10%，表明该固体酸在反应过程中流失较严重，但对第 3 次回收的催化剂进行再生处理后，用于酯化反应中油酸转化率达 74.3%，由此可知，可以通过对催化剂再生的方法对催化剂进行重复使用。

关于负载型固体酸在催化酯化、酯交换制备生物柴油中的具体应用见表 2-2。

表 2-2 用于酯化、酯交换制备生物柴油的负载型固体酸概况

Table 2-2 Supported solid acid profiles for the biodiesel production

序号	催化剂	原料	催化剂用量	醇/油脂摩尔比	反应时间	反应温度	产率 Y 或转化率 C/%	重复使用	参考文献
1	SO_4^{2-}/ZrO_2	棕榈油	8 wt. %	甲醇:油=8:1	2 h	180℃	C=82.8	流失严重	(Kansedo, 2012)
2	$SO_4^{2-}/Fe_2O_3-SnO_2$	粗棕榈油	4.5 wt. %	甲醇:油=14.2:1	3 h	80℃	C=91.3	重复使用3次，C=43.7%，	(Nuithitikul, 2011)
3	RSO_3-SBA-15	十八酸甘油酯	—	—	6 h	—	C=0.3	未报道	(Dacquin, 2012)
4	$SO_4^{2-}/SnO_2-Fe_2O_3$	醋酸甘油酯	4.4 wt. %	甲醇:油=9:1	8 h	60℃	C=92.1	重复使用3次，C=82.8%，	(Zhai, 2011)
5	MCM-Nb	葵花籽油(食用级)	5 wt. %	甲醇:油=12:1	6 h	200℃	Y=50	重复使用5次，$Y \geq 80\%$	(Garcia-Sancho, 2011)
6	$SO_4^{2-}/ZrO_2-Al_2O_3$	废烹饪油	0.3 wt. %	油:游离脂肪酸(摩尔比)=1.4:1	4 h	200℃	C=98.4	未报道	(Wang, 2012)
7	Ta_2O_5-SBA-15	葵花籽油(食用级)	4 wt. %	甲醇:油=12:1	6 h	200℃	C=92.5	重复使用3次，无明显失活	(Xie, 2012)
8	SO_4^{2-}/TiO_2-SiO_2	油酸	10 wt. %	甲醇:油酸=20:1	3 h	120℃	C=93.7	重复使用3次，C=10%，	(Shao, 2013)

续表 2-2

序号	催化剂	原料	催化剂用量	醇/油脂摩尔比	反应时间	反应温度	产率 Y 或转化率 C/%	重复使用	参考文献
9	$PhSO_3$-SBA-15	游离脂肪酸（溶剂：大豆油）	7 wt. %	甲醇∶油＝15∶1	5 h	67℃	C=96.7	重复使用 5 次，C=89.5%	(Xie,2014)
10	SO_4^{2-}/ZrO_2 (SZ)	棕榈酸	3 wt. %	甘油∶棕榈酸＝10∶1	3 h	170℃	C=95	未报道	(Subbiah,2014)
11	介孔 SO_4^{2-}/ZrO_2	棕榈酸	1 wt. %	甲醇∶棕榈酸＝20∶1	7 h	60℃	Y=65	重复使用 5 次，Y=36%	(Saravanan, 2015)
12	$SO_4^{2-}/La^{3+}/C$	油酸	0.75 wt. %	甲醇∶油酸＝9∶1	5 h	62℃	C= 98.37	重复使用 10 次，C=81.9%	(Shu,2018)

注：FFAs：游离脂肪酸；wt. %：重量含量百分数；h：小时；min：分钟。

由表 2-2 可知,负载型固体酸是由活性组分与载体通过吸附作用而形成,这种吸附作用的结合不是太牢固,在反应过程中由于搅拌和反应物的原因容易引起活性组分的流失,催化剂的稳定性降低。因此,开发具有更高稳定性、高催化活性、结合更加牢固的负载型固体酸催化剂,是解决当前负载型固体酸催化剂存在不足的关键。Shu 等(2018)制备了一个新颖的布朗斯特酸催化剂 $SO_4^{2-}/La^{3+}/C$,并用于油酸的酯化反应制备生物柴油,在甲醇与油酸摩尔比 9∶1,催化剂用量为 0.75 wt.%,62℃时反应 5 h 的条件下,油酸转化率达 98.37%,该催化剂重复使用 10 次,油酸转化率仍达 81.9%。经分析,该催化剂展现较高的催化活性是由于 SO_4^{2-}/La^{3+}、羧基上的 C—OH 及水相互作用,其作用示意图见图 2-1。

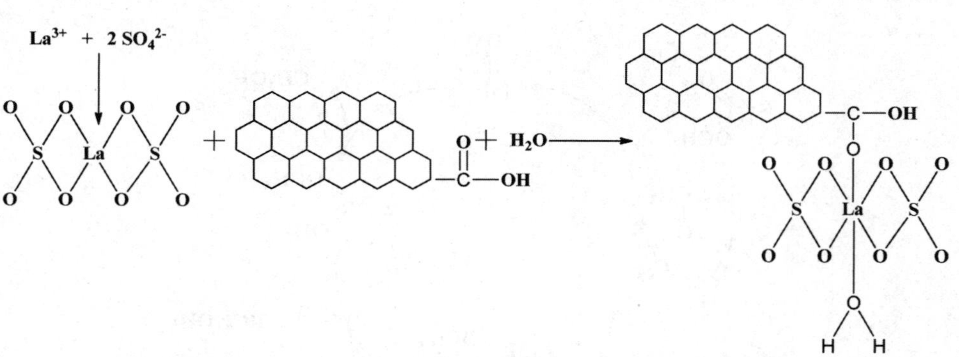

图 2-1 $SO_4^{2-}/La^{3+}/C$ 催化剂增强布朗斯特酸性示意图(Shu,2018)

Figure 2-1 A schematic diagram which describes the improvement of the Brønsted acid sites

[Reprinted with permission from Ref. (Shu,2018), Copyright © 2018 Elsevier]

2.3 金属氧化物及复合物

金属氧化物可分为酸性金属氧化物(如 SnO、SnO_2、WO_3、Nb_2O_5、MoO_3、ZrO_2 等)和碱性金属氧化物(如 CaO、MgO、La_2O_3、Bi_2O_3、SrO、BaO 等)。酸性金属氧化物固体酸由于具有强酸性、热稳定性及易回收再生等优点,在生物柴油领域受到了极大的关注。

Srilatha 等(2009)用 $Nb_2O_5 \cdot nH_2O$ (CBMM,HY34O)在 200℃条件下焙烧 4 h 制备得到 Nb_2O_5 金属氧化物催化剂,并被用于催化 FFAs 与甲醇的酯化反应。结果表明,甲醇与 FFAs 摩尔比为 14∶1,催化剂用量 15 wt.%,65℃条件下反应 3 h,FFAs 转化率达 90%以上。

Mello 等(2011)选用多种金属氧化物固体酸[SnO、Al_2O_3、$(Al_2O_3)_8(SnO)_2$、$(Al_2O_3)_8(ZnO)_2$等]催化酸化大豆油制备生物柴油。研究表明,它们在催化酸化大豆油酯化反应中的催化活性高低依次是 $Al_2O_3 > SnO > (Al_2O_3)_8(SnO)_2 > (Al_2O_3)_8(ZnO)_2$。在催化剂用量为 1.0 wt.%,反应温度 160℃,反应时间 3 h 的条件下,Al_2O_3、SnO 催化酸化大豆油转化生物柴油的产率分别为 89%、87%,且 SnO 具有一定的重复使用性,重复使用 10 次催化活性无明显下降。文中还推导了金属氧化物固体酸催化酯化反应的机理(图 2-2),首先是金属氧化物与甲醇反应,生成含羟基的甲氧基金属盐(中间体 2);接着,FFAs 与中间体 2 中的羟基反应并脱掉 1 分子的 H_2O,得到中间体 3,然后分子内甲氧基亲核进攻羰基,形成路易斯配合物中间体 4,最后,脱离金属氧化物(L 酸)活性位,生成脂肪酸甲酯。

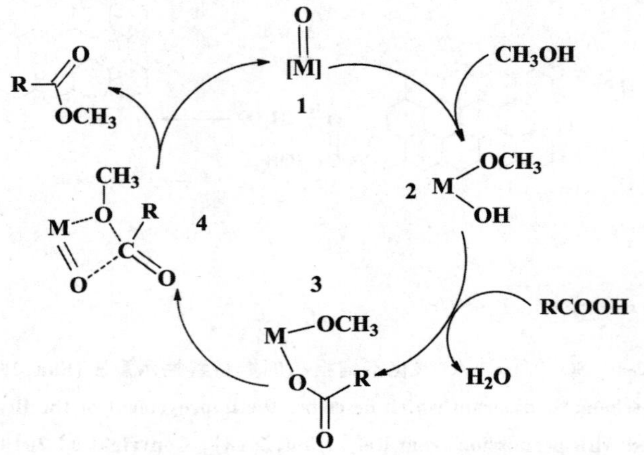

图 2-2　金属氧化物固体酸催化酯化反应机理(Mello,2011)

Figure 2-2　Proposed mechanism for the esterification of fatty acids catalyzed by Lewis acid metal oxides(Mello,2011)

Júnior 等(2010)选用氧化铌(Nb_2O_5)作为催化剂,在微波条件下催化油酸与甲醇的酯化反应,结果显示,在最佳条件下反应 20 min 后酯化反应产率为 68%,且该催化剂重复使用 4 次后,产率仅下降了 3%。

由以上资料可知,单一金属氧化物虽展现出一定的催化活性,但多数重复使用性差,反应条件苛刻。而由两种或两种以上金属氧化物复合而成的混合金属氧化物比单一金属氧化物有更好的性质,如具有更好的稳定性、更高的催化活性及耐高温等特点。Xie 等(2012)用浸渍法制备了含有不同 Sn 量(1～16 wt.%)的 SnO_2/SiO_2 固体酸。由粉末衍射及扫描电镜谱图可知,在 SiO_2 表面负载 SnO_2 后,SiO_2 仍保持了原有的无定形结构,且当 Sn 负载量为 8%时 SnO_2 高度分散在无定形 SiO_2 的表

面，此时催化活性最好；在催化大豆油脂交换制备生物柴油中，醇油摩尔比 24∶1，催化剂用量 5 wt. %，反应温度 180℃，反应时间 5 h，生物柴油转化率为 81.7%，催化剂重复使用 5 次后，生物柴油转化率降为 54.3%，表明该催化剂催化活性有一定的流失。Guldhe 等(2017a)设计制备了 Cr-Al 混合金属氧化物，并用于催化微藻制备生物柴油，在醇油摩尔比 20∶1，催化剂用量 15 wt. %，反应温度 80℃，反应时间 4 h 的条件下，生物柴油转化率为 98.28%，其转化率较均相酸(96.47%)催化的高。更重要的是，该催化剂在重复使用 4 次后生物柴油转化率仍达 90.92%。另外，Sn/Al_2O_3(Pighin，2016)、Sm_2O_3/ZrO_2(Shabalala，2016)等混合金属氧化物也被应用于酯化、酯交换制备生物柴油。

日本东京大学 Domen 等以聚环氧乙烷-聚环氧丙烷-聚环氧乙烷三嵌段共聚物(P123)作为模板剂，制备了一系列新颖高活性的混合金属氧化物固体酸(如 $HNbMoO_6$(Tagusagawa，2008；Takagaki，2008；Tagusagawa，2009a；Takagaki，2009；Tagusagawa，2009b)、$HNbWO_6$(Tagusagawa，2009c；Takagaki，2019；Tagusagawa，2010a)、$HTaMoO_6$(Tagusagawa，2010b)等)，由 XRD、SEM、NH_3-TPD、FT-IR 等表征技术可知，它们的高催化活性源于它们具有较高的比表面积，且在焙烧催化剂过程中原子半径相近的两种金属离子发生了同晶置换，使最后得到的混合金属氧化物活性位密度增大，酸性增强。在催化傅克烷基化反应、缩醛反应、酯化反应等有机反应中较其他酸催化剂(Nafion NR50、Amberlyst-15、H-type zeolite)表现出更好的催化活性。随后，该课题组(Tagusagawa，2010c；Tagusagawa，2012；Tagusagawa，2011)相继报道了三个新颖的介孔固体酸催化剂：介孔 Nb_3W_7 氧化物、Ta_3W_7 氧化物及介孔 Nb_3Mo_7 氧化物的制备、表征及应用。研究结果显示，三个介孔混合金属氧化物均表现出高的催化活性。He 等(2012)制备了层状 $HNbMoO_6$、$HNbWO_6$ 和 $HTiNbO_5$ 三种混合金属氧化物固体酸，并用于催化乳酸与正丁醇的酯化反应，研究表明，$HNbMoO_6$ 催化活性最好，而 $HNbWO_6$ 和 $HTiNbO_5$ 仅有微弱的催化活性，经过对固体酸催化剂的表征发现，固体酸中的层状结构对酯化反应起到了决定性的作用。以上混合金属氧化物虽具有高催化活性，但其制备过程耗时长、模板剂价格贵等缺点限制了其应用。

关于金属氧化物及复合物固体酸在催化酯化、酯交换制备生物柴油中的具体应用概况见表 2-3。从表 2-3 可知，金属氧化物及复合物固体酸作为一类环境友好型催化剂，近年来在生物柴油领域应用比较广泛。但从已报道的文献可看出，该类固体酸也存在一些不足，如原料成本较高、催化活性较低、重复次数较少等。由此可知，用于生物柴油催化的金属氧化物及复合物固体酸应通过物理、化学性质改性等方法在节约成本、提高催化活性及稳定性等方面做进一步的研究，这也可能成为今后金属氧化物及复合物固体酸催化剂在酸催化反应中的一个重要研究方向。

表 2-3 用于酯化、酯交换制备生物柴油的金属氧化物及复合物概况

Table 2-3 Production of biodiesel by esterification/transesterification using metal oxides and complexes catalysts

序号	催化剂	原料	催化剂用量	醇/油脂摩尔比	反应时间	反应温度	产率 Y 或转化率 C/%	重复使用	参考文献
1	Nb_2O_5	脂肪酸	15 wt. %	甲醇:脂肪酸=14:1	3 h	65℃	$C \geqslant 90$	未报道	(Srilatha,2009)
2	商业 ZrO_2	菜籽油	1 wt. %	甲醇:油=40:1	10 min	270℃	$C=68$	未报道	(Yoo,2010)
3	SnO	酸化大豆油	1.0 wt. %	酸化大豆油=10 g;甲醇=4 g	3 h	160℃	$Y=87$	重复使用 10 次,无明显失活	(Mello,2011)
4	WO_3/ZrO_2	废油	30 wt. %	甲醇:油=9:1	2 h	200℃	$C=96$	未报道	(Park,2010)
5	Nb_2O_5	油酸	5 wt. %	甲醇:油酸=10:1	20 min	200℃	$Y=68$	重复使用 4 次,$Y=65\%$	(Júnior,2010)
6	TiO_2/MoO_3	脂肪酸	1 wt. %	甲醇:脂肪酸=14:1	6 h	160℃	$C=80$	未报道	(de Almeida, 2014)
7	SnO_2/SiO_2	大豆油	5 wt. %	甲醇:油=24:1	5 h	180℃	$C=81.7$	重复使用 5 次,$C=54.3\%$	(Xie,2012)
8	W/ZrO_2	甘油乙酸酯	2 wt. %	甲醇:油=6:1	7 h	60℃	$Y=53$	未报道	(Senso,2011)
9	改性 ZrO_2	废烹饪油	1 wt. %	甲醇:油=29:1	169 min	115.5℃	$C=79.7$	未报道	(Wan,2011)

续表 2-3

序号	催化剂	原料	催化剂用量	醇/油脂摩尔比	反应时间	反应温度	产率 Y 或转化率 C/%	重复使用	参考文献
10	Fe-Zn复合物	植物油	3 wt. %	甲醇∶油＝16∶1	8 h	160℃	C＝98	重复使用5次，Y≥90%	(Yan,2011)
11	WO_3/ZrO_2-MCM-41	油酸	18.7 wt. %	甲醇∶油酸＝67∶1	24 h	65℃	C≈100.0	重复使用4次，无明显失活	(Jiménez-Morales,2010)
12	Cr-Al混合氧化物	微藻油	15 wt. %	甲醇∶油＝20∶1	4 h	80℃	C＝98.28	重复使用4次，C＝90.92%	(Guldhe,2017a)
13	NH_2-MIL-101(Cr)-Sal-Zr复合物	油酸	4 wt. %	甲醇∶油酸＝10∶1	4 h	60℃	C＝73.6	重复使用6次，C＝73.6%	(Hassan,2017)
14	锡配合物	大豆油	1 wt. %	甲醇∶油＝4∶1	10 h	120℃	Y＝89	未报道	(Nunes,2016)
15	WO_3/SiO_2	油酸	30 wt. %	甲醇∶油酸＝40∶1	8 h	67℃	C＝86.2	未报道	(Chen,2016)
16	WO_3/ZrO_2	微藻油	15 wt. %	甲醇∶油＝12∶1	3 h	100℃	C＝94.58	重复使用6次，C＝72.94%	(Guldhe,2017b)

注：FFAs：游离脂肪酸；wt. %：重量含量百分数；h：小时；min：分钟。

2.4 多金属氧酸盐

多金属氧酸盐(又称为多金属氧簇,简称多酸,Polyoxometalates),是一类由前过渡金属离子(通常处于 d^0 电子构型)聚合所形成的一类具有纳米尺寸的"分子态"金属氧化物,比较典型的有 W(五价),Mo(六价),V(五价),Nb(五价)及 Ta(五价)等,其中 W(五价)和 Mo(六价)是构成多金属氧酸盐的主要元素。到目前为止,已有 70 多种元素可以作为杂多酸的杂原子,如 B、Si、P、Se、Al、Ge、As、Sb、Te 等元素,每种杂原子又能以不同的价态存在于多金属氧酸盐中。因此,多金属氧酸盐可谓是种类繁多(Pope,1983;Wang,1998)。根据组成不同多金属氧酸盐可分为同多金属氧酸盐和杂多金属氧酸盐两大类,由同种含氧酸盐脱水缩合形成的多金属氧酸盐称为同多酸(盐),通式为$[M_mO_y]^{p-}$;由两种或两种以上的含氧酸根缩合而成的称为杂多酸(盐)$[X_xM_mO_y]^{q-}$($x<m$),其中 m 通常指 W、Mo、V、Nb 及 Ta 等元素或同时含有两种以上这些元素,x 为 B、Si、P、Se、Al 等杂原子。

Berzerius(1826)成功合成世界上第一个杂多酸 12-磷钼酸铵$(NH_4)_3PMo_{12}O_{40}\cdot nH_2O$。然而到了 1864 年,Marignac 合成了硅钨酸,其组成也被确定,自此多金属氧酸盐的组成才被揭开,其多金属氧酸盐的研究进入了一个新的阶段。1934 年 Bragg 课题组的年轻物理学者 Keggin 将 $H_3PW_{12}O_{40}\cdot 5H_2O$ 进行 XRD 表征分析后,提出了著名的 Keggin 结构模型(Keggin,1934),除了 Keggin(1∶12 A)型结构,多金属氧酸盐还有以下几种结构:Dawson(2∶18)(Dawson,1953)、Anderson(1∶16)(Anderson,1937)、Waugh(1∶9)(Waugh,1954)、Silverton(1∶12 B)(Silverton,1973)、Lindquist(Lindqvist,1950)(表 2-4 及图 2-3)。其中,Keggin 型结构的多金属氧酸盐研究最多,应用最广。

表 2-4 六种类型多金属氧酸盐结构特点

Table 2-4 The characteristics of six typical polyoxometalates

类型	多阴离子结构通式	杂原子
Keggin 型 杂多酸	$[XY_{12}O_{40}]^{n-8}$	P、As、Si、Ge、C
Well-Dawson 型 杂多酸	$[X_2Y_{18}O_{62}]^{6-}$	P、As
Anderson 型 杂多酸	$[XY_6O_{24}]^{n-12}$, $[XY_6O_{24}]^{n-6}$	Te、I, Co、Al、Cr
Waugh 型 杂多酸	$[XY_9O_{32}]^{6-}$	Mn、Ni
Silverton 型 杂多酸	$[XY_{12}O_{42}]^{8-}$	Ge、Th
Lindqvist 型 同多酸	$[Y_6O_{19}]^{n-}$	—

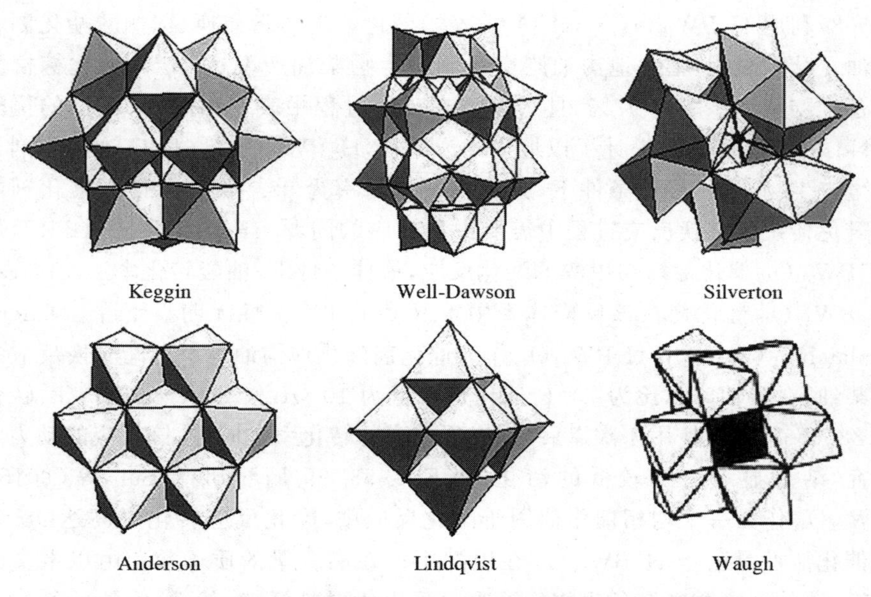

图 2-3 多金属氧酸盐的六种基本结构类型(Wang,1998)

Figure 2-3 The structures of six typical polyoxometalates(Wang,1998)

另外,多金属氧酸盐具有优异的催化性能,具体表现在以下几个方面:①可在分子结构层面上进行设计与合成,也可通过改变中心原子、配位原子等调控其结构与性能;②结构稳定,可用于均相或多相催化体系;③可作为酸性或双功能催化剂;④具有较好的质子迁移能力及独特的配位能力;⑤具有独特的"假液相"性能(Noritaka,1998)。

2.4.1 纯杂多酸

Keggin 型结构的杂多酸是众多杂多酸中最具代表性的一类,它可在均相和多相反应体系中作为酸或双功能催化剂,而且是绿色、环保、友好型酸催化剂,发展前景较好。2017 年四种 Keggin 型结构的杂多酸($H_3PW_{12}O_{40}$,$H_4SiW_{12}O_{40}$,$H_3PMo_{12}O_{40}$,$H_4SiMo_{12}O_{40}$)被当作布朗特斯酸应用于菜籽油与甲醇(乙醇)的酯交换反应制备生物柴油,展现出高的催化活性,在反应中得到一个高的转化率(Morin,2007)。另外,$H_3PW_{12}O_{40}$ 杂多酸用于各种长链脂肪酸(豆蔻酸、棕榈酸、硬脂酸、油酸及亚麻油酸)的酯化反应中,催化活性结果显示,$H_3PW_{12}O_{40}$ 杂多酸表现出高的催化活性,与对甲基苯磺酸和硫酸催化活性相当(Cardoso,2008)。Cao

等(2008)利用 $H_3PW_{12}O_{40}\cdot 6H_2O$ (PW_{12})催化地沟油脂交换、棕榈酸酯化制备生物柴油。结果表明,催化地沟油脂交换制备生物柴油产率达 87%,催化棕榈酸酯化制备生物柴油产率达 97%,且杂多酸在反应过程中表现出耐水、环保的优秀特性。Noshadi 等(2012)设计了以地沟油为原料,$H_3PW_{12}O_{40}\cdot 6H_2O$ 为催化剂连续反应生产生物柴油,最佳条件下,其生物柴油产率为 93.94%,且使用催化剂能够有效避免传统酯交换反应过程中需要中和反应的问题。Fernandes 等(2012)研究了 $H_3PW_{12}O_{40}$ 催化油酸与甲醇的酯化反应,最佳条件下,油酸转化率达 90%以上,且 $H_3PW_{12}O_{40}$ 催化剂在该反应体系中重复使用 6 次活性无明显下降。Talebian-Kiakalaieh 等(2013)用 $H_3PW_{12}O_{40}$ 作为催化剂催化地沟油与甲醇酯交换反应制备生物柴油,在醇油摩尔比为 70∶1、催化剂用量为 10 wt.%、65℃反应 14 h,转化率高达 88.6%,重复使用 4 次以后,仍表现较高的转化率。同时,该反应的动力学也被研究,结果显示一个较低的活化能($Ea=53.99$ kJ/mol)。Sun 等(2015)用 $H_5BW_{12}O_{40}$ 作为一个均相催化剂用于酯化反应中,酯化反应转化率高达 98.7%,高的催化活性是由于 $H_5BW_{12}O_{40}$ 在甲醇中存在高含量的质子数。由以上文献报道可知,纯的杂多酸在制备生物柴油中表现出优异的活性,然而,大块状纯的杂多酸易溶于极性溶剂中导致难以回收循环(Zhao,2018)。因此,纯杂多酸在反应过程中的流失及难以回收循环限制了其在催化领域的应用(Han,2016)。为了克服以上存在的问题,设计制备掺杂杂多酸、负载型杂多酸、封装杂多酸等改性杂多酸有望更好地应用于生物柴油的制备。

2.4.2 掺杂杂多酸

作为杂多酸二级结构中的质子可以很容易地被不同的金属或非金属阳离子部分或者完全取代,从而形成杂多酸盐。最近,用 Ag^+、NH_4^+、Cs^+、K^+、Cu^{2+}、Sn^{2+}、Fe^{3+} 等阳离子,氨基酸,离子液体等部分取代杂多酸中的反荷质子,制得改性杂多酸,同相应的纯杂多酸相比,杂多酸盐的比表面积有所提高,热稳定性也有所提高。Chai 课题组(Chai,2007;Li,2009)合成了 Cs 掺杂的磷钨酸催化剂($Cs_{2.5}H_{0.5}PW_{12}O_{40}$)用于芸芥油与甲醇的反应制备生物柴油。结果显示,$Cs_{2.5}H_{0.5}PW_{12}O_{40}$ 催化剂具有与硫酸相当的催化活性,且该催化剂易分离循环使用,且重复使用 6 次催化剂仍保持较好的活性。另外,制备得到的芸芥生物柴油其燃料性能达到国际 ASTM 标准,表明芸芥生物柴油是一种合适的替代燃料。Zhang 等(2010)设计制备了 $Cs_{2.5}H_{0.5}PW_{12}O_{40}$ 催化剂,并在微波条件下催化文冠果油脂交换制备生物柴油。在最佳酯交换反应条件下,文冠果生物柴油产率高达 96.22%,且重复使用 9 次仍

保持较高的产率。同时，制备的文冠果生物柴油的燃料性能达到国际 EN 14214 标准，其结果见表 2-5。

表 2-5 制备得到的文冠果生物柴油的燃料性能(Zhang,2010)

Table 2-5 Fuel properties of biodiesel obtained using microwave heating under the optimized conditions(Zhang,2010)

燃料性能	生物柴油 ($Cs_{2.5}H_{0.5}PW_{12}O_{40}$)	EN 14214
15℃下相对密度/(g/cm^3)	0.882	0.86～0.90
40℃时的动力黏度/(mm^2/s)	4.4	3.5～5.0
闪点/℃	165	min 130
硫含量/(mg/kg)	2	15 max
热值/(MJ/L)	35.8	32.5～36.1
含酯量/%	99.4	min 96.5
残炭(10% dist. residue)	0.03	0.50 max

Santos 等(2012)设计制备了 NH_4^+ 和 Cs 共掺杂的磷钨酸($H_3PW_{12}O_{40}$)，标记为$(NH_4)_xCs_{2.5-x}H_{0.5}PW_{12}O_{40}$($x = 0.5, 1, 1.5, 2$)。经对该催化剂表征分析及性能测试，制备的共掺杂杂多酸盐的 Keggin 型结构骨架较纯的杂多酸稳定，且$(NH_4)_2Cs_{0.5}H_{0.5}PW$ 展现出较好的催化活性，且重复使用 6 次后，油酸转化率为(62.9±1.2)%。Srilatha 等(2012)通过离子交换法制备了 Cs 掺杂的磷钨酸，应用 XRD、FT-IR、NH_3-TPD、SEM 等表征手段对制备得到的磷钨酸盐催化剂的物理化学性能进行了表征，表征结果显示，Cs 掺杂磷钨酸后 Keggin 型结构骨架较好地得到保留。在催化米糠脂肪酸的酯化反应中，最优条件下其转化率达 92.4%，该催化剂重复使用 5 次，催化活性无明显下降。另外，一级动力学模型被用于分析该酯化反应体系，结果显示该反应的活化能为 37.09 kJ/mol。Badday 等(2013)用磷钨杂多酸和氯化铯溶液混合后于 200℃焙烧 3 h 得到了 Cs 掺杂的杂多酸催化剂，研究不同 Cs 含量对催化剂的影响，并被用于催化麻疯树原油转化为生物柴油。研究表明，$Cs_{1.5}H_{1.5}PW_{12}O_{40}$展现了较高的比表面积($32.7\ m^2/g$)和较高的酸量(1760 μmol/g)，在最优条件下，生物柴油产率达 81.3%。

Han 等(2016)设计制备甘氨酸掺杂的磷钨酸有机-无机复合催化剂($[GlyH]_xH_{3-x}PW_{12}O_{40}$，$x=1.0\sim3.0$)。结果显示，$[GlyH]_{1.0}H_{2.0}PW_{12}O_{40}$催化剂表现最佳的催化活性，生物柴油产率达 93.3%。有趣的是该催化剂体系还具有独特的自分离性能，有利于催化剂的快速回收再利用，催化剂重复使用 6 次，生物柴油产率

仍达 85%。Da Silva 等(2017)研究制备了二价锡离子部分掺杂磷钨酸催化剂($Sn_{1.2}H_{0.6}PW_{12}O_{40}$),在催化植物油制备生物柴油的反应中,其生物柴油产率几乎达到 100%。Li 等(2016)设计合成了磺化的离子液体改性杂多酸(PzS-PW),其合成流程图见图 2-4。经研究,合成的 PzS-PW 催化剂表现出高的催化活性及稳定性。关于掺杂杂多酸在催化酯化、酯交换制备生物柴油中的具体应用见表 2-6。由表 2-6 可知,掺杂杂多酸表现出强的酸性和较高稳定性,但也存在部分掺杂杂多酸重复次数少、比表面积小等缺点。因此,未来对于掺杂杂多酸的设计制备、结构性能及催化性能还需进一步的研究。

Pyrazine (Pz) —— $ClSO_3H$(neat),(2 eq) / CH_2Cl_2 → PzS-Cl —— H_3PW → PzS-**PW**

图 2-4　PzS-PW 合成示意图(Li,2016)

Figure 2-4　Synthesis of sulfonic acid-functionalized pyrazinium phosphotungstate (PzS-PW).
(Image reproduced from Ref. (Li,2016) with permission of Elsevier)

2.4.3　负载型杂多酸

负载型杂多酸的制备方法通常是将杂多酸负载于比表面积较大、机械稳定性高、热稳定好的载体上,这样不仅提高了杂多酸催化剂的催化活性、热稳定性、比表面积,还使均相催化反应异相化,易于实现产物与催化剂分离。另外,杂多酸在酸性溶液中稳定,与碱性溶液共沸时易分解,因此,用来负载杂多酸的主要是中性和酸性的载体,如 ZrO_2(Su,2013;Zhu,2013)、SnO_2(Srinivas,2016)、TiO_2(Ma,2016;Bertolini,2018)、蒙脱石(Pacuła,2015;Wang,2016;Gawade,2016)、石墨烯(Klein,2015)、SBA-15(Gadamsetti,2015;Popa,2016)、MCM-41(Gomes,2016)、二氧化硅(Cotta,2017;Safariamin,2016)、介孔碳(Zhao,2016)、N,N-二甲基十六胺功能化氯甲基化聚苯乙烯(Wang,2016)、ZnAl-层状双氢氧化物(Xu,2018)、碳纳米管(Kirpsza,2018)、Ce-Zr 混合氧化物(Clemente,2019)等。

Srilatha 等(2011)将 TPA(12-磷钨酸)负载于二氧化锡上,用于催化酯化反应,并对催化剂进行了 NH_3-TPD、BET 等技术表征。结果显示,催化剂具有较大的比表面积与较高的酸浓度,在催化酯化反应表现出强的酸活性,酯化率在 70% 以上,且催化剂可重复使用 6 次。Júnior 等(2013)以 Amazon 高岭土及商用高岭

表 2-6 用于酯化、酯交换制备生物柴油的掺杂杂多酸概况

Table 2-6 Use of substituted heteropolyacid catalysts for esterification/transesterification

序号	催化剂	原料	催化剂用量	醇/油脂摩尔比	反应时间	反应温度	产率 Y 或转化率 C/%	重复使用	参考文献
1	$Cs_{2.5}H_{0.5}PW_{12}O_{40}$	芸芥油	1.5 g	甲醇:油=5.3:1	1 h	60℃	C=94	重复使用6次，无明显失活	(Chai, 2007)
2	$Cs_{2.5}H_{0.5}PW_{12}O_{40}$	芸芥油	0.185 wt.%	甲醇:油=6:1	12 h	65℃	Y=99	重复使用6次，活性有所下降	(Li,2009)
3	$Cs_{2.5}H_{0.5}PW_{12}O_{40}$	文冠果油	1 wt.%	甲醇:油=12:1	10 min	60℃	Y=96.22	重复使用9次，无明显失活	(Zhang, 2010)
4	$(NH_4)_2Cs_{0.5}H_{0.5}$-$PW_{12}O_{40}$	油酸	10 wt.%	乙醇:油酸=6:1	1 h	80℃	C=63	重复使用6次，C=(62.9±1.2)%	(Santos, 2012)
5	$Cs_1H_2PW_{12}O_{40}$	米糠脂肪酸	0.041 g/cm^3	甲醇:脂肪酸=14:1	175 min	65℃	C=92.4	重复使用5次，活性有所下降	(Srilatha, 2012)
6	$Cs_{2.5}PW_{12}O_{40}$	植物油	3 wt.%	甲醇:油=40:1	40 min	260℃	Y=92	未见报道	(Shin, 2012)
7	$Cs_{1.5}H_{1.5}PW_{12}O_{40}$	麻疯树原油	4 wt.%	甲醇:油=20:1	60 min	65℃	Y=81.3	重复使用3次，无明显失活	(Badday, 2013)
8	K掺杂磷钨酸	2-氧代-D-古洛糖酸	10 wt.%	甲醇:酸=1 440:1	5 h	65℃	Y=96	重复使用3次，无明显失活	(Vu,2013)

续表 2-6

序号	催化剂	原料	催化剂用量	醇/油脂摩尔比	反应时间	反应温度	产率 Y 或转化率 C/%	重复使用	参考文献
9	$[GlyH]_{1.0}H_{2.0}PW_{12}O_{40}$	棕榈酸	6 wt. %	甲醇∶棕榈酸=12∶1	3 h	90℃	Y=93.3	重复使用6次，Y≥85%	(Han，2016)
10	$Sn_{1.2}H_{0.6}PW_{12}O_{40}$	Macauba油	2 mol%	乙醇∶油=12∶1	8 h	90℃	Y≈100	重复使用3次，无明显失活	(Da Silva，2017)
12	PzS-PW	油酸	25 mg	甲醇∶油酸=10∶1	20 h	25℃	C=96.7	重复使用5次，C=96%	(Li,2016)

注：FFAs：游离脂肪酸；wt. %：重量含量百分数；h：小时；min：分钟。

土为载体，采用浸渍法制备了不同磷钨酸负载量的负载型杂多酸催化剂。表征分析表明，在浸渍法制备负载型磷钨酸催化剂的过程中，Keggin 型骨架结构没有被破坏。另外，制备的 PW(20)MFS 催化剂是被应用于油酸与甲醇的酯化反应，在最佳反应条件下，其产率达 97.21%。研究还发现，PW(20)MFS 催化剂重复使用 2 次，产率下降较多，这可能是由于催化剂结焦导致。除此之外，其他一些载体如 SiO_2、TiO_2 等也已被研究。Yan 等(2013)设计一锅法合成介孔 $H_4SiW_{12}O_{40}$-SiO_2 催化剂，表征结果表明，$H_4SiW_{12}O_{40}$ 被较好地分散在 SiO_2 的孔道内，同时，介孔 $H_4SiW_{12}O_{40}$-SiO_2 催化剂在酯化反应中展现高的催化活性，其中乙酰丙酸甲酯的转化率为 79%，乙酰丙酸乙酯的转化率为 75%。类似的催化剂，采用原位一锅法将磷钼酸负载于二氧化钛载体上，制备得到负载型杂多酸($HPMo/TiO_2$)，并用于苯酚与碳酸二甲酯的酯交换反应中，其转化率为 50.4%、选择性为 99.4%。然后该催化剂重复使用 4 次，苯酚转化率从 44.7% 减为 29.5%，表明催化剂的稳定性较差(Wang，2015)。

近来，ZrO_2 也被广泛应用于负载型杂多酸的制备过程中，Kulkarni 课题组(Kulkarni，2006)将磷钨酸(TPA)负载于无定形 ZrO_2 并经焙烧(TPA/ZrO_2)后用于催化高酸值油料制备生物柴油。研究发现，与负载其他载体催化剂 TPA/Al_2O_3(比表面积 207 m^2/g、平均孔径 10.9 nm)、TPA/活性炭(比表面积 990 m^2/g、平均孔径 1.43 nm)相比，在同等反应条件下的催化剂的催化活性受其比表面积和适宜孔径的影响。经 TPA/Al_2O_3、TPA/活性炭催化所得产物中脂肪酸酯含量均为 65%左右，而 TPA/ZrO_2 为 80%左右。通过 ICP-MS 表征分析 TPA/ZrO_2 催化所得产物发现，P 与 W 的流失不到 0.07%，表明该催化剂的均相催化效应是可以忽视的，但此研究中存在反应时间较长、反应温度较高(10 h、200℃)等不足。Alcañiz-Monge 等(2018)在温和的条件下通过溶胶凝胶法和水热法制备了负载型磷钨酸催化剂(HPW/ZrO_2)，并应用于棕榈酸与甲醇的酯化反应制备生物柴油。经研究，磷钨酸负载量为 30%的催化剂展现最佳的催化活性，其在最佳反应条件下，酯化反应转化率达 90%以上。但 HPW/ZrO_2 催化剂重复使用性较差，重复使用 5 次后，棕榈酸的转化率从 95%降为 62%。由以上报道的几类负载型杂多酸催化剂可知，虽都展现高的催化活性，但重复使用性普遍较差。为此，为了改善负载型杂多酸重复使用性差的问题，多孔纤维素棒(CBs)最近被当作载体负载 $H_3PW_{12}O_{40}$，结果表明，合成的该催化剂拥有高含量的 $H_3PW_{12}O_{40}$ 并表现高的催化活性。最佳反应条件下，生物柴油产率达 96.22%，且该催化剂能重复使用 9 次，仍具有较好的活性(Zhang,2016)。Fu 等(2015)设计将 $H_3PW_{12}O_{40}$ 和 $H_4SiW_{12}O_{40}$ 负载于介孔聚合物 PDVB-VBC,合成流程图见图 2-5。研究表明,合成的负载型催化剂在催化月桂酸与甲醇的酯化反应中展现一个异相催化作用,且拥有介孔结构及高的比表面积。更重要的是,该催化剂重复使用 5 次无明显活性流失,有效改善了负载型杂多酸的重复使用性。

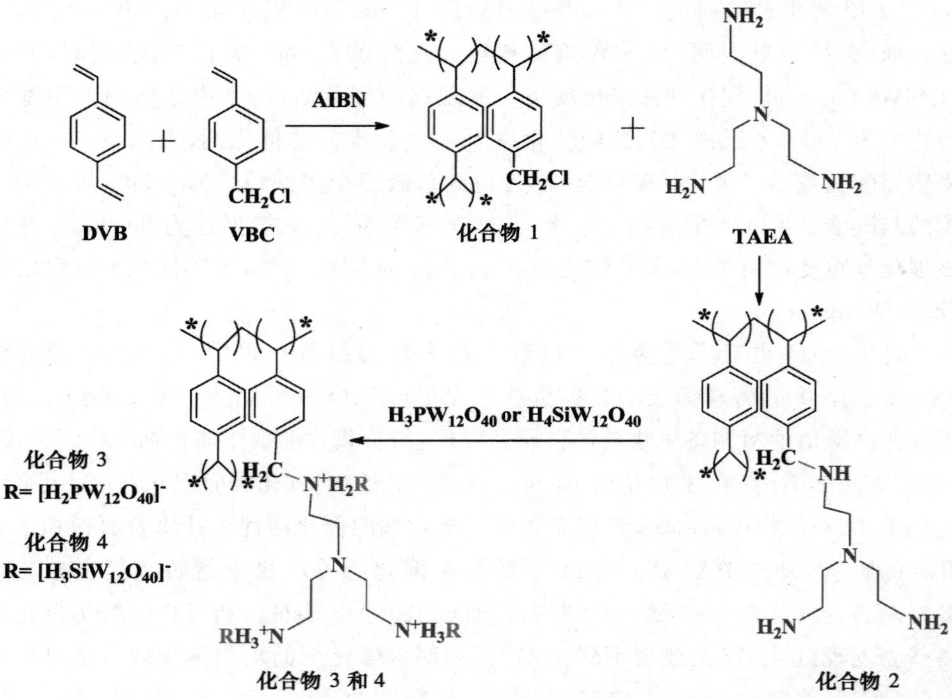

图 2-5 PDVBVBC-TAEA/PW_{12}(化合物 3) and PDVB-VBC-TAEA/SiW_{12}(化合物 4)合成流程图(Fu,2015)

Figure 2-5 Synthetic procedure of two new solid acid catalysts PDVBVBC-TAEA/PW_{12} (compound 3) and PDVB-VBC-TAEA/SiW_{12} (compound 4)

[Image reproduced from Ref. (Fu,2015) with permission of American Chemical Society]

Kirpsza 等(2018)将 Keggin 型 $H_3PW_{12}O_{40}$ 和 Wells-Dawson 型 $H_6P_2W_{18}O_{62}$ 负载于多壁碳纳米管(CNT),结果显示,合成的该催化剂具有较好的稳定性。Wang 等(2018)研究制备了 1-(3-磺酸盐)-丙基 3-烯丙基咪唑磷钨酸盐负载 SBA-15,其合成流程见图 2-6。经研究,合成的催化剂在催化棕榈酸于甲醇的酯化反应中具有

较高的活性，其棕榈酸的转化率为 88.1%。同时，催化剂重复使用 5 次无明显失活。

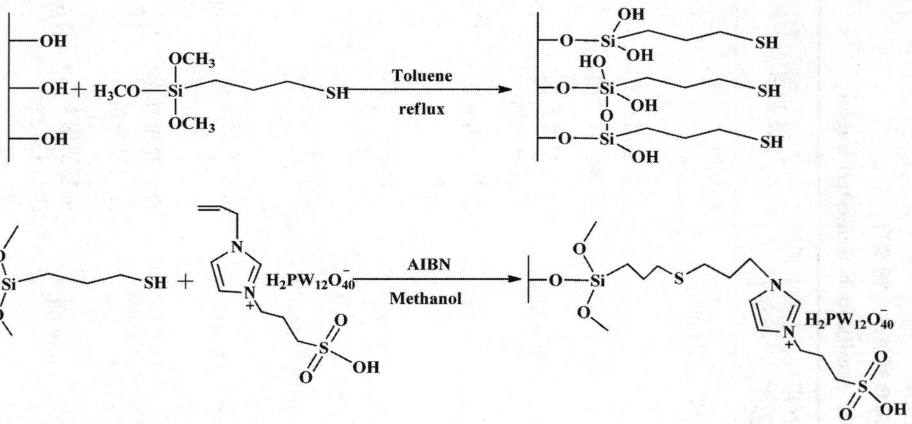

图 2-6 1-(3-磺酸盐)-丙基 3-烯丙基咪唑磷钨酸盐负载 SBA-15 合成流程图(Wang,2018)

Figure 2-6 Approach for modification of SBA-15 and immobilization of 1-(3-sulfonate)-propyl-3-allylimidazolium phosphotungstate ionic liquids

[Image reproduced from Ref. (Wang,2018) with permission of Elsevier]

表 2-7 为负载型杂多酸催化剂及其对酯化、酯交换活性概况。不同载体应用于负载杂多酸已被大量研究，但也存在一些问题，如杂多酸与载体间弱的相互作用。因此，设计发展一些新颖的载体改善杂多酸与载体间的相互作用可能是今后负载型杂多酸催化剂在酸催化反应中的一个重要研究方向。

2.4.4 封装型杂多酸

将杂多酸负载于载体上近年来研究较多，但该类型催化剂在应用中存在杂多酸负载量低、杂多酸在反应过程中易流失及杂多酸在载体表面易于集聚等缺点，一定程度上限制了其应用。因此，选择一个合适材料将杂多酸封装其中成为近来研究的热点。其中，框架材料由于独特的物理化学性能(框架材料可做到可控合成、大比表面积、高热稳定性、易于分离等优点)被选择当作理想的载体应用于催化领域(Huang,2003;Zheng,2015)。表 2-8 为封装型杂多酸催化剂及其对酯化、酯交换活性概况。

表 2-7 用于酯化、酯交换制备生物柴油的负载型杂多酸概况

Table 2-7 Use of supported heteropolyacids catalysts for esterification/transesterification

序号	催化剂	原料	催化剂用量	醇/油脂摩尔比	反应时间	反应温度	产率 Y 或转化率 C/%	重复使用	参考文献
1	PW(20)MFS	油酸	5 wt. %	甲醇∶油酸=30∶1	2 h	130℃	Y=97.21	重复使用2次，Y=35.04%	(Júnior,2013)
2	$H_4SiW_{12}O_{40}$-SiO_2	乙酰丙酸	104 mg	甲醇:2 mL，乙酰丙酸:205 mg	6 h	65℃	C=79	重复使用2次，活性有所下降	(Yan,2013)
3	SiO_2-MNP-HPW	棕榈酸	8.2 wt. %	甲醇∶棕榈酸=6∶1	2 h	65℃	Y=90.4	重复使用5次，无明显失活	(Duan,2013)
4	$H_3PW_{12}O_{40}$/K10	油酸	5 wt. %	甲醇∶油酸=8∶1	5 h	165℃	C=100	重复使用4次，C≥96%	(Nandiwale,2014)
5	$(PW_{11})_3$/MCM-41	油酸	4.43 wt. %	甲醇∶油酸=40∶1	14 h	60℃	C=89	重复使用4次，无明显失活	(Singh,2015)
6	HPMo/TiO_2	碳酸二甲酯	0.6 g	苯酚∶碳酸二甲酯=1∶1	10 h	150～180℃	C=50.4	重复使用4次，C=29.5%	(Wang,2015)
7	CB-(AST-HPW)n	文冠果油	4 wt. %	甲醇∶油=10∶1	40 min	60℃	Y=96.22	重复使用9次，Y<70%	(Zhang,2016)
8	PDVBVBC-TAEA/PW_{12}	月桂酸	0.009 mmol	甲醇∶月桂酸=9∶1	3 h	65℃	Y=98	重复使用5次，无明显失活	(Fu,2015)
9	HPW/GA	乙酰丙酸	0.2 g	乙醇∶乙酰丙酸=10∶1	9 h	80℃	C=89.1	重复使用5次，C=51.7%	(Wu,2016)
10	HPW/Y-IN	乙酸	10 wt. %	正丁醇∶乙酸=2∶1	1 h	100℃	C=77	重复使用3次，C=78%	(Freitas,2016)

续表 2-7

序号	催化剂	原料	催化剂用量	醇/油脂摩尔比	反应时间	反应温度	产率 Y 或转化率 C/%	重复使用	参考文献
11	$H_3PMo_{12}O_{40}$/AC-F1	月桂酸	5 wt. %	甲醇∶月桂酸=50∶1	10 h	70℃	C=98	重复使用3次，C=36%	(Prado,2018)
12	HPMo/Nb_2O_5	棕榈油	20 wt. %	乙醇∶油=90∶1	4 h	210℃	Y=96.22	重复使用2次，Y=94.7%	(da Conceiçao,2017)
13	1-(3-磺酸盐)-丙基3-烯丙基咪唑磷钨酸盐负载离子液体	棕榈酸	15 wt. %	甲醇∶棕榈酸=9∶1	8 h	65℃	Y=88.1	重复使用5次，无明显失活	(Wang,2018)
14	TPA/MAS-9	菜籽油	2.5 wt. %	甲醇∶油=20∶1	10 h	200℃	Y=88.7	重复使用4次，无明显失活	(Kurhade,2018)
15	HPW/ZrO_2	棕榈酸	0.3 g	甲醇∶棕榈酸=95∶1	6 h	60℃	C=95	重复使用5次，C=62%	(Alcañiz-Monge,2018)

注：FFAs：游离脂肪酸；wt. %：重量含量百分数；h：小时；min：分钟。

表 2-8 用于酯化、酯交换制备生物柴油的封装型杂多酸概况

Table 2-8 Use of encapsulated heteropolyacids catalysts for esterification/transesterification

序号	催化剂	原料	催化剂用量	醇/油脂摩尔比	反应时间	反应温度	产率 Y 或转化率 C/%	重复使用	参考文献
1	HPW/$Cu_3(BTC)_2$	乙酸	2.23%	正丙醇∶乙酸=40∶1	7 h	60℃	C=45.4	重复使用2次，活性有所下降	(Wee,2010；2011)
2	PTA@MIL-53(Fe)	油酸	30%	乙醇∶油酸=16∶1	15 min	—	Y=96	重复使用7次，活性有所下降	(Nikseresht,2017)
3	CsPW-CB[7]	地沟油	2%	甲醇∶油=11∶1	150 min	70℃	C=95.1	重复使用5次，C=82.2%	(Li,2017)

Wee 等(2010;2011)采用直接合成法合成了金属有机框架 $Cu_3(BTC)_2$ 封装的Keggin 型磷钨酸(HPW)复合催化剂[HPW/$Cu_3(BTC)_2$],在酯化反应中表现出高的催化活性。Nikseresht 等(2017)研究了在超声波条件下制备了 MIL-53 (Fe)封装磷钨酸复合催化剂,各种表征手段及催化性能研究表明,该复合催化剂在油酸与甲醇的酯化反应中表现出优异的催化活性(生物柴油产率达 96%),且重复使用5 次仍具有较高的活性。Hu 等(2013)采用"瓶中造船(bottle around ship)"法将客体磷钨酸封装于主体纳米笼 MIL-101 制备得到复合材料,该材料在氧化脱硫反应中展现高的活性,且催化剂重复使用 4 次,催化剂回收率达 71%,反应转化率下降较少。Ribeiro 等(2013)研究将四丁铵磷钨酸盐封装于 MIL-101 笼中(PW_{12}@-MIL-101),并将其应用于氧化脱硫反应表现出优异的催化活性。更有趣的是,PW_{12}@MIL-101 催化剂重复使用 3 次仍保持较高的活性。

除了 MIL-101、MIL-53 (Fe)笼状载体应用于封装杂多酸,葫芦[7]脲(cucurbit [7]uril)、UiO-66、ZIF-8、ZIF-67 等也被当作合适的框架材料。Li 等(2017)将合成的葫芦[7]脲当作载体用于封装磷钨酸盐($Cs_{2.5}H_{0.5}PW_{12}O_{40}$),制备得到封装复合材料(CsPW-CB[7]),并被用于催化地沟油脂交换制备生物柴油。最佳酯交换反应条件下,其转化率达 95.1%,CsPW-CB[7]催化剂重复使用 5 次仍具有较好的稳定性。另外,该酯交换反应的活化能为 36.0 kJ/mol,表明在 CsPW-CB[7]催化剂的催化下,该反应较容易进行。Xie 等(2017)通过简单溶剂热合成法将 Keggin 型 $Cs_{2.5}H_{0.5}PW_{12}O_{40}$ 封装于金属有机框架 UiO-66,合成的催化剂在催化大豆油酸解反应中,表现出好的活性。而且催化剂重复使用 5 次仍具有较好的活性,经研究,这是由于催化剂在反应过程中较少流失于反应体系。Malkar 等(2018)采用"瓶中造船(bottle around ship)"策略将 12-磷钨酸(DTP)封装于 ZIF-8 中。经研究,该催化剂制备方法是一个简单、快速、室温条件、水为溶剂的绿色合成方法,且合成的催化剂具有较好的热稳定性及重复使用性。

2.5 沸石分子筛

沸石分子筛就是结晶铝硅酸金属盐的水合物,由于它具有空穴结构,比表面积较大,在催化有机反应中表现出较高的活性,近年来在生物柴油合成中应用较多。最近,Danuthai 等(2009)研究 HZSM-5 当作酸催化剂催化辛酸甲酯脱氧制备碳氢

燃料。结果表明，催化辛酸甲酯脱氧反应后生成了多种碳氢化合物(C1-C7)，其中芳烃含量达到 21.8%。Li 等(2010)设计制备了 La 掺杂的 ZSM-5/MCM-41 复合催化材料，并在乙酸与正丁醇的酯化反应中展现较高的催化活性。

Carrero 等(2011)研究了不同分子筛(ZSM-5、Beta、h-ZSM-5 及 h-Beta)催化微藻油与甲醇酯交换反应，并对其进行了 XRD 及 NH_3-TPD 表征，探讨了各分子筛在生物柴油制备中的催化活性。结果表明，经硅烷化改性的 h-ZSM-5、h-Beta 分子筛比表面积较没有改性的 ZSM-5、Beta 分子筛大，但 h-ZSM-5 的酸量较 ZSM-5 (0.4259 mmol/g)下降到 0.3303 mmol/g，而经改性的 h-Beta 酸量几乎恒定。在催化微藻油与甲醇的酯交换反应中，h-Beta 分子筛较其他分子筛展现了较高的催化活性，这可能是由于经硅烷化改性后得到的 h-Beta 分子筛形成了次生孔隙结构，有效地促进反应分子进入催化剂活性位，提高了生物柴油产率。

Vieira 等(2013)研究了 SO_4^{2-}/La_2O_3(SLO)改性 HZSM-5 得到固体酸催化剂 SLO/HZSM-5，并对其进行了 BET 比表面积、傅立叶红外谱图(FT-IR)及吡啶吸附的红外表征，结果显示，SLO/HZSM-5 催化剂具有强的 Brønsted 酸，在催化油酸与甲醇的酯化反应中，催化剂用量为 10 wt.%，甲醇与油酸摩尔比为 5∶1，100℃条件下反应 7 h，生物柴油转化率最高为 100%，催化剂重复使用 3 次，生物柴油转化率降为 50%左右，表明催化剂在反应过程中活性组分有一定的流失。Doyle 等(2016)使用高岭土制备了 Y 型沸石分子筛，并将其应用于油酸与乙醇的酯化反应，在乙醇与油酸摩尔比 6∶1、催化剂用量 5 wt.%、70℃条件下反应 60 min，油酸的转化率为 85%，较商用 HY 沸石分子筛活性高(76%)。经表征研究，Y 型沸石展现高的催化活性是由于低 Si/Al 摩尔比的 Y 型沸石分子筛拥有高密度的酸性位点。Ramadhani 等(2017)使用浸渍法将 Ni 掺杂到沸石分子筛中，并用于催化葵花籽油制备生物柴油，结果显示，掺杂 Ni 的量越多，改性沸石分子筛酸性位越多。

关于沸石分子筛在催化酯化、酯交换制备生物柴油中的具体应用见表 2-9。由表 2-9 可知，沸石分子筛虽在生物柴油合成中有一定的应用，但由于分子筛酸含量较低，本身的微孔结构会影响反应传质过程的进行，从而使其反应受到阻碍，导致反应物较难接触到催化剂的活性位，最终致使生物柴油产率下降。近年来，对分子筛进行改性(González，2013)后应用于生物柴油的制备受到人们的重视。

表 2-9 用于酯化、酯交换制备生物柴油的沸石分子筛概况

Table 2-9 Production of biodiesel by esterification/transesterification using zeolites catalysts

序号	催化剂	原料	催化剂用量	醇/油脂摩尔比	反应时间	反应温度	产率 Y 或转化率 C/%	重复使用	参考文献
1	h-Beta zeolites	微藻油	2 wt. %	甲醇:油=100:1	4 h	115℃	生物柴油含量>20%	未报道	(Carrero,2011)
2	SLO/HZSM-5	油酸	10 wt. %	甲醇:油酸=5:1	7 h	100℃	C=100	重复使用 3 次，C=50%	(Vieira,2013)
3	HMOR zeolites	油酸	0.5 g	20 mL 甲醇，10 mL 油酸	1 h	60℃	C=80	未报道	(Chung,2009)
4	改性 HZSM-5	油酸	1 wt. %	甲醇:油酸=45:1	4 h	100℃	C≈100	未报道	(Vieira,2017)
5	HZSM-5	菜籽油	5 g	—	8 h	450℃	总芳烃 Y=35	未报道	(Bayat,2016)
6	Zeolite Y	油酸	5 wt. %	甲醇:油酸=6:1	1 h	70℃	C=85.0	未报道	(Doyle,2016)

注：FFAs：游离脂肪酸；wt. %：重量含量百分数；h：小时；min：分钟。

2.6 阳离子交换树脂

离子交换树脂是指具有官能团、网状结构的不溶性高分子化合物，可分为阳离子交换树脂和阴离子交换树脂。阳离子交换树脂又可分为强酸型阳离子交换树脂和弱酸型阳离子交换树脂。另外，阳离子交换树脂由于具有高的酸性、膨胀性及疏水性，常被当作固体酸催化剂应用于有机催化反应中，在生物柴油的制备也有一定的应用。

Shibasaki-Kitakawa 等(2007)研究了阳离子交换树脂 PA360s 催化粗三油酰甘油酯与乙醇的酯交换反应，最佳条件下，酯交换的转化率达 80%。Marchetti 等(2007)用 550A 型阳离子树脂作为固体酸催化剂，催化混合油(10%油酸和 90%精制葵花籽油)与甲醇合成生物柴油，在醇油摩尔比 6∶1、催化剂用量为 2.267 wt.%，45℃条件下反应 2 h，生物柴油转化率可达 85%以上。

Feng 等(2010)采用阳离子交换树脂(NKC-9，001×7 及 D61)作为固体酸催化剂催化酸化油与甲醇制备生物柴油，研究表明，NKC-9 的催化活性较 001×7 和 D61 高，由此选择 NKC-9 作为酸催化剂进行了进一步的研究，采用单因素实验和正交试验的方法对制备生物柴油的条件进行了优化，在醇油摩尔比 3∶1，催化剂用量为 18 wt.%，66℃条件下反应 3 h，生物柴油转化率达 90.0%，且催化剂重复使用 10 次后，催化活性有所降低，可能的原因是反应过程中机械搅拌破坏了树脂本身的结构，导致了生物柴油转化率降低。

He 等(2015)采用阳离子交换树脂 NKC-9 当作固体酸催化剂用于油酸的酯化反应中，结果显示，在最优条件下，油酸的转化率达 98%。Zhang 等(2016)设计制备了磺化 s-CER/PVA(聚乙烯醇)复合材料，并将其应用于长链脂肪酸与甲醇的酯化反应，在反应 8 h 后，酯化反应的转化率为 97.5%，重复使用 6 次，其转化率仍达 85%，较好的重复使用性可能是由于 PVA 能够去除水有效避免的复合催化材料的失活。

关于阳离子交换树脂在催化酯化、酯交换制备生物柴油中的具体应用见表 2-10。由表 2-10 可知，近年来，由阳离子树脂作为固体酸催化剂在生物柴油制备中虽取得了较好的效果，但阳离子树脂也存在一些不足，如酸强度较低，不耐高温及价格高等缺点，在工业上应用得较少。因此，开发低成本、高活性及稳定性好的新型阳离子交换树脂成为今后研究的热点。

表 2-10 用于酯化、酯交换制备生物柴油的阳离子交换树脂概况

Table 2-10 Production of biodiesel by esterification/transesterification using cation exchange resins catalysts

序号	催化剂	原料	催化剂用量	醇/油脂摩尔比	反应时间	反应温度	产率 Y 或转化率 C/%	重复使用	参考文献
1	550A 阳离子交换树脂	酸化油（10%油酸、90%葵花油）	2.267 wt.%	甲醇:油=6:1	2 h	45℃	$C\geqslant85$	未见报道	(Marchetti, 2007)
2	NKC-9 阳离子交换树脂	废烹饪油	18 wt.%	甲醇:油=3:1	3 h	339 K	$C\approx90.0$	重复使用 15 次，$C\approx60.0\%$	(Feng,2010)
3	Amberlyst-15	地沟油	18 wt.%	甲醇:油=15:1	90 min	65℃	$C=60.2$	未见报道	(Gan,2012)
4	Amberlite™ IR-120	棕榈酸	10 wt.%	甲醇:棕榈酸=8:1	10.5 h	61℃	$C=98.3$	未见报道	(Đặng,2013)
5	Novozyme 435	脂肪酸	1 wt.%	甲醇: 脂肪酸=6.2:1	2 h	50℃	$C=94$	重复使用 3 次，催化活性无明显下降	(Haigh,2013)
6	Amberlyst-15	地沟油	4 wt.%	甲醇:油=15:1	1 h	65℃	$C=60.2$	未见报道	(Suyin,2012)

续表 2-10

序号	催化剂	原料	催化剂用量	醇/油脂摩尔比	反应时间	反应温度	产率 Y 或转化率 C/%	重复使用	参考文献
7	NKC-9 阳离子交换树脂	酸化油(大豆油/油酸重量比为5/5)	1 wt. %	甲醇:油酸=1.5:1	126.6 min	338 K	C≈98.0(油酸)	未见报道	(He,2015)
8	Amberlyst 15	地沟油	3 wt. %	甲醇:油=12:1	8 h	338 K	Y=78±3.39%	重复使用3次，Y=(77±1.50)%	(Boz,2015)
9	磺化树脂/PVA	脂肪酸	4 g	甲醇:脂肪酸=29:1	8 h	338 K	C=97.5	重复使用6次，C=85%	(Zhang,2016)
10	Amberlyst BD20	脂肪酸	10 wt. %	甲醇:脂肪酸 acid=15:1	3 h	100℃	C≥90	未见报道	(Fu,2016)
11	Amberlyst BD20	油酸	20 wt. %	甲醇:油酸=12:1	100 min	85℃	C=98.1	重复使用4次，Y≥90%	(Pan,2016)

注:FFAs:游离脂肪酸;wt. %:重量含量百分数;h:小时;min:分钟。

2.7 离子液体

离子液体是指在室温或近室温下呈液态的完全由离子构成的物质，具有低挥发性、极性大、高稳定性及可重复使用性等优点。在合成、催化、分离及电化学等领域，离子液体既是一种环境友好型溶剂，也是一种新型绿色酸催化剂，在催化合成生物柴油方面也有广泛的应用。

Zhang 等(2009)制备了强 Brønsted 离子液体 N-甲基-2-吡咯烷酮甲基磺酸盐([NMP][CH_3SO_3])作为催化剂，以油酸与乙醇的酯化反应为目标反应。结果显示，当乙醇/油酸/[NMP][CH_3SO_3]（摩尔比）为 2∶1∶0.213，70℃条件下反应 8 h，油酸的酯化率为 95%，且该催化剂能被重复使用 8 次，酯化产率在 90%以上。由此，作者用该离子液体来催化混合油（肉豆蔻酸和棕榈酸）、酸化的大豆油及菜籽油，在最佳催化条件下其产率分别为 97.3%、94.1%、94.3%，研究结果显示，[NMP][CH_3SO_3]作为一种高催化活性的离子液体，可用于劣质高酸值原料油脂交换反应制备生物柴油。

Guo 等(2011)利用一种强 Brønsted 离子液体 1-丁基-3-咪唑对甲苯磺酸盐([BMIm][CH_3SO_3])催化油酸与甲醇的酯化反应，在最佳条件下，其酯化率达 93%。

He 等(2013)制备了长链离子液体 3-N，N-二甲基十二丙磺酸对甲苯磺酸盐([DDPA][Tos])，并对其进行了 FT-IR、^{1}H NMR、^{13}C NMR、UV/vis 及 TGA 等技术表征。同时该离子液体被用于游离脂肪酸与甲醇酯化反应制备生物柴油，结果表明，在游离脂肪酸与甲醇摩尔比为 1∶1.5，催化剂用量 10 wt.%，反应温度 60℃，反应时间 3 h 下，生物柴油转化率为 96.5%，催化剂重复使用 9 次后，催化活性无明显下降，说明该催化剂拥有高的酸性及稳定性。

Leng 等(2012)制备了 SO_3H 功能化的聚离子液体，并对其进行了各种催化剂表征手段分析，数据显示，该催化剂具有高的催化活性及重复使用性，在催化酯化反应中，反应温度 120℃，反应时间 2 h，月桂酸与甲醇摩尔比为 1∶1.2，催化剂用量 0.2 g 的条件下，月桂酸酯化率为 92.0%，且该聚离子液体催化剂重复使用 6 次，月桂酸酯化率无明显下降，表明该催化剂具有较好的稳定性。

1-甲基-3-丁基咪唑硫酸氢盐($BMIMHSO_4$)催化剂是被用于废烹饪棕榈油的预酯化反应，在甲醇与废烹饪棕榈油摩尔比为 15∶1，$BMIMHSO_4$ 催化剂用量为 10 wt.%，反应温度为 160℃，转速为 600 r/min 下，反应 1 h 能实现 95.65%转化

率(Ullah,2015)。离子液体[HMim][HSO_4]也被用于废烹饪大豆油与乙醇酯化、酯交换制备生物柴油,结果显示,[HMim][HSO_4]在高温和高压的反应条件下展现一个高稳定性,且在最佳反应条件下,生物柴油产率为97.6%(Caldas,2016)。

Olkiewicz等(2016)制备了6种布朗斯特酸性离子液体(图2-7)用于低成本原料活性污泥与甲醇的酯化反应制备生物柴油。结果显示,布朗斯特酸性离子液体[$mimC_4SO_3H$][SO_3CF_3]在最优条件下展现最好的催化活性,其生物柴油产率达90%。同时,该离子液体重复使用10次后,生物柴油产率基本不变,为89%,表明离子液体[$mimC_4SO_3H$][SO_3CF_3]具有较好的稳定性,可有效地催化低成本、非粮油料酯化、酯交换制备生物柴油。

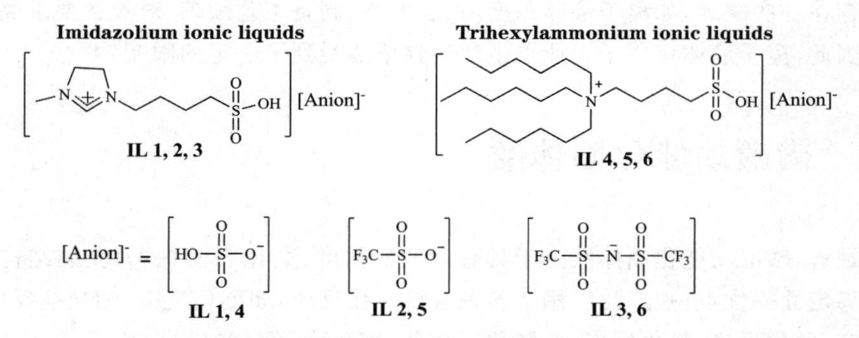

图 2-7 6种布朗斯特酸性离子液体的制备与使用(Olkiewicz,2016)

Figure 2-7 Structures of ionic liquids prepared and used. [Reprinted with permission from Ref. (Olkiewicz,2016), Copyright © 2016 Elsevier]

Qiu等(2016)制备了4种新颖的布朗斯特酸性离子液体(图2-8),并应用于椰子油与甲醇的酯交换反应制备生物柴油。对4种布朗斯特酸性离子液体进行活性测试,结果表明,[CyN1,$1PrSO_3H$][Tos]离子液体具有最好的催化活性,最佳酯交换反应条件下,生物柴油产率达98.7%,且该离子液体重复使用5次后催化活性无明显下降。其制备得到的生物柴油产品经测试达到欧洲EN 14214标准。

图 2-8 [CyN1,$1PrSO_3H$][Tos]的合成示意图(Qiu,2016)

Figure 2-8 Route of synthesis of [CyN1,$1PrSO_3H$][Tos]. [Reprinted with permission from Ref. (Qiu,2016), Copyright © 2016 Elsevier]

Lu 等(2016)合成了一个新颖的多孔疏水布朗斯特酸性固体催化剂(POSS-[VMPS][H_2SO_4]),其被用于油酸与甲醇的酯化反应制备生物柴油。经研究,该催化剂在酯化反应中展现较高的催化活性,能达到 94.1%转化率及 100%选择性,较阳离子交换树脂 Amberlite-732 和液体酸 H_2SO_4 的催化活性好。另外,POSS-[VMPS][H_2SO_4]催化剂重复使用 4 次仍有较好的催化活性,这是由于 POSS-[VMPS][H_2SO_4]催化剂中的 POSS 具有多孔及疏水性质,有效提高了催化剂的稳定性。

关于离子液体在催化酯化、酯交换制备生物柴油中的具体应用见表 2-11。由表 2-11 可知,虽然离子液体在催化酯化、酯交换制备生物柴油方面具有较高活性,但也存在一些缺点,如离子液体黏度高、成本高、制备工艺烦琐、对设备要求高等缺点。因此,离子液体应用于工业上生产生物柴油受到了一定的限制。

2.8 磺酸功能化固体酸

最近,磺酸功能化固体酸由于具有高的酸强度、高比表面积、大孔洞结构及高的热稳定性等优点,被广泛应用于各种有机转化反应,如酯化反应、酯交换反应、脱水反应、醚化反应、氧化反应、乙酰化反应等。Hasan 等(2015)合成了一个多孔高酸性的磺酸化的金属有机框架材料[MIL-101(Cr)-SO_3H],应用于油酸的酯化反应中。酯化反应 20 min 后油酸转化率达 93%。Malins 等(2016)以纤维素为原料,通过碳化-磺化法合成磺化的碳基固体酸(CSO_3H)催化剂。经表征研究,CSO_3H 固体酸展现高的 SO_3H 基团(0.81 mmol H^+/g),在催化菜籽油脂肪酸的酯化反应中,最佳条件下,产品酯含量≥96.5%。Yu 等(2017)合成了磺化的煤基固体酸催化剂,并用于酯化反应中制备生物柴油。研究发现,催化剂合成的最佳条件为 400℃碳化 1 h,随后 105℃磺化 2 h。最佳酯化反应条件下,CSO_3H 催化剂催化酯化反应转化率达 91.4%,且催化剂重复使用 5 次,转化率仅下降了 11%。

Gardy 等(2017)合成了介孔 TiO_2/$PrSO_3H$ 纳米固体酸催化剂,其合成示意图见图 2-9,并被应用于同时催化地沟油酯化、酯交换反应合成生物柴油。结果显示,在最适条件下,生物柴油产率为 98.3%,介孔 TiO_2/$PrSO_3H$ 催化剂重复使用 5 次,生物柴油产率仍达 94.16%,高的催化活性及稳定性归因于丙基磺酸基团有效地分散到了 TiO_2 纳米颗粒上。最后,合成得到的生物柴油产品达到国际 ASTM 及 EN 标准。

表 2-11 用于酯化、酯交换制备生物柴油的阳离子交换树脂概况

Table 2-11 Production of biodiesel by esterification/transesterification using ionic liquids catalysts

序号	催化剂	原料	催化剂用量	醇/油脂摩尔比	反应时间	反应温度	产率Y或转化率C/%	重复使用	参考文献
1	[NMP][CH_3-SO_3]	油酸	10 wt.%	甲醇∶油酸=2∶1	8 h	70℃	C=95.3	重复使用8次，C=90.7%	(Zhang,2009)
2	[BMIm][CH_3-SO_3]-$FeCl_3$	麻疯树油	9 mmol	甲醇∶油=6∶1	5 h	120℃	Y=99.7	未见报道	(Guo,2011)
3	[DDPA][Tos]	脂肪酸	10 wt.%	甲醇∶脂肪酸=1.5∶1	3 h	60℃	C=96.5	重复使用9次，无明显失活	(He,2013)
4	SO_3H功能化的聚离子液体	月桂酸	0.2 g	甲醇∶月桂酸=1.2∶1	2 h	120℃	C=92.0	重复使用6次，无明显失活	(Leng,2012)
3	SO_3H-functional Brønsted acidic ionic liquid	废油	油∶催化剂(摩尔比)=1∶0.06	甲醇∶油=12∶1	4 h	170℃	Y=93.5	重复使用9次，无明显失活	(Han,2009)
4	$BMIMHSO_4$	废烹饪棕榈油	5 wt.%	甲醇∶油=15∶1	1 h	160℃	Y=95.65	重复使用6次，Y=83%	(Ullah,2015)
5	[EMIM][$MeSO_4$]	微藻油	—	—	15 min	65℃	Y=36.79	未见报道	(Wahidin,2016)
6	[HMim][HSO_4]	废烹饪大豆油	0.35 mL	1.5 g 油，60 mL 乙醇	45 min	528 K	Y=97.6	重复使用4次，Y=93.58%	(Caldas,2016)

续表 2-11

序号	催化剂	原料	催化剂用量	醇/油脂摩尔比	反应时间	反应温度	产率 Y 或转化率 C/%	重复使用	参考文献
7	[$mimC_4SO_3H$][SO_3CF_3]	活性污泥	7 wt. %	甲醇：活性污泥=10:1	5 h	100℃	Y=90	重复使用10次，Y=89%	(Olkiewicz, 2016)
8	[$CyN_{1,1}PrSO_3H$][Tos]	椰子油	3 wt. %	甲醇:油=15:1	2 h	383 K	Y=98.7	重复使用5次，无明显失活	(Qiu,2016)
9	POSS-[VMPS][H_2SO_4]	油酸	0.2 mmol	甲醇:油酸=20:1	3 h	70℃	C=94.1	重复使用4次，有一定失活	(Lu,2016)
10	Multi-layered macroporous poly (ionic liquid)	油酸	8.51 wt. %	乙醇:油酸=11.69:1	4.53 h	80℃	C=92.6	重复使用6次，C=89.3%	(Wu,2016)
11	MIL-100(Fe)@DAILs	油酸	15 wt. %	甲醇:油酸=8:1	5 h	67℃	C=93.5	重复使用5次，C=86%	(Han,2016)

注：FFAs：游离脂肪酸；wt. %：重量含量百分数；h：小时；min：分钟。

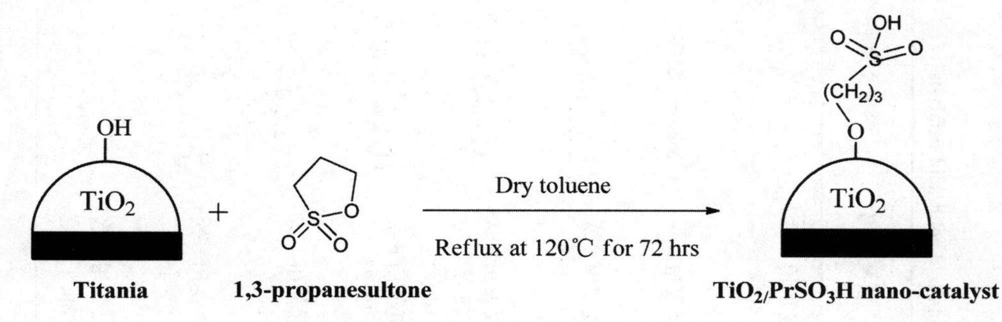

图 2-9 合成 $TiO_2/PrSO_3H$ 纳米催化剂示意图(Gardy,2017)

Figure 2-9 General proposed protocol for the synthesis of $TiO_2/PrSO_3H$ nano-catalyst [Reprinted with permission from Ref. (Gardy,2017), Copyright © 2017 Elsevier]

2018 年,Zhou 等(2018)设计制备了磺化的 α-磷酸锆(SO_3H@ZrP)固体酸催化剂,制备流程见图 2-10。结果显示,该催化剂在油酸的酯化反应中表现出优异的催化活性(油酸转化率达 89%)及重复使用性。

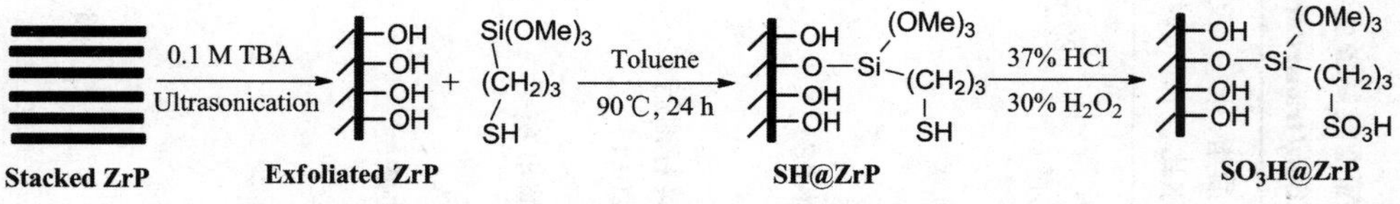

图 2-10 SO_3H@ZrP 合成示意图(Zhou,2018)

Figure 2-10 Synthesis procedures of SO_3H@ZrP[Reprinted with permission from Ref. (Zhou,2018), Copyright © 2018 open-access from MDPI]

关于磺酸功能化固体酸在催化酯化、酯交换制备生物柴油中的具体应用见表 2-12。由表 2-12 可知,磺酸功能化固体酸由于具有与传统液体酸相当的催化活性,有望成为环境友好型固体酸催化剂。然而,磺酸化的固体酸还存在一些问题需要进一步的研究,如催化剂的稳定性及重复性还需进一步提高,特别是一些在催化反应过程中容易塌陷、酸性基团容易脱落,特别是在水中的稳定性,因为酯化反应中会有副产物水产生;另外,大部分磺酸化固体酸制备步骤繁杂,需进一步开发新的制备技术。因此,开发制备工艺简单,成本低廉、高稳定性的新型磺酸功能化固体酸成为今后研究的热点。

表 2-12 用于酯化、酯交换制备生物柴油的磺酸功能化固体酸概况

Table 2-12 Production of biodiesel by esterification/transesterification using sulfonic acid-functionalized solid acid catalysts

序号	催化剂	原料	催化剂用量	醇/油脂摩尔比	反应时间	反应温度	产率 Y 或转化率 C/%	重复使用	参考文献
1	MIL-101(Cr)-SO_3H	油酸	0.1 g	10 mL 甲醇，1 mL 油酸	20 min	120℃	$Y=93$	重复使用 2 次，$Y\geqslant 80\%$	(Hasan,2015)
2	芳烃-SO_3H-SBA-15	棕榈原油	8 wt.%	甲醇∶油＝30∶1	2 h	160℃	$Y=96$	未见报道	(Melero,2015)
3	SO_3H-$ZnAl_2O_4$	棕榈油脂肪酸馏出物	1 wt.%	甲醇∶馏出物＝9∶1	1 h	120℃	$Y=94.65$	重复使用 8 次，$Y=67.29\%$	(Soltani,2016)
4	CSO_3H	菜籽油脂肪酸	10 wt.%	甲醇∶菜籽油脂肪酸＝20∶1	4 h	65℃	$C=92.3$	重复使用 9 次，$C=76\%$	(Malins,2016)
5	ICS-SO_3H	棕榈油脂肪酸馏出物	2 wt.%	甲醇∶馏出物＝10∶1	3 h	75℃	$C=94.6$ $Y=90.4$	重复使用 6 次，$Y=72.2\%$	(Lokman,2016)
6	煤基固体酸	油酸	8 wt.%	甲醇∶油酸＝10∶1	4 h	67℃	$C=97.6$	重复使用 5 次，$C=85\%$	(Yu,2017)
7	$TiO_2/PrSO_3H$	地沟油	4.5 wt.%	甲醇∶油＝15∶1	9 h	60℃	$Y=98.3$	重复使用 5 次，$Y=94.16\%$	(Gardy,2017)
8	C-SO_3H	地沟油	10 wt.%	甲醇∶油＝20∶1	3 h	60℃	$Y=93.4$	重复使用 5 次，$Y=86.3\%$	(Nata,2017)

续表 2-12

序号	催化剂	原料	催化剂用量	醇/油脂摩尔比	反应时间	反应温度	产率 Y 或转化率 C/%	重复使用	参考文献
9	磺化多壁碳纳米管	甘油三酸酯	3.7 wt.%	乙醇：甘油三酸酯=20∶1	1 h	150℃	C=97.8	未见报道	(Guan,2017)
10	GR-SO_3H	棕榈油	10 wt.%	甲醇∶油=20∶1	10 h	100℃	Y=98	重复使用 4 次，活性有所下降	(Nongbe,2017)
11	磺酸化活性炭	油酸	12 wt.%	乙醇：油酸=7∶1	3 h	85℃	C=96	重复使用 5 次，C=28%	(Niu,2018)
12	SO_3H@ZrP	油酸	5 wt.%	甲醇∶油酸=9∶1	5 h	65℃	C=89	重复使用 5 次，C=80%	(Zhou,2018)

注：FFAs：游离脂肪酸；wt.%：重量含量百分数；h：小时；min：分钟。

参考文献

[1] Wang R, Li H, Chang F, et al. A facile, low-cost route for the preparation of calcined porous calcite and dolomite and their application as heterogeneous catalysts in biodiesel production [J]. *Catalysis Science and Technology*, 2013, 3: 2244-2251.

[2] Rashtizadeh E, Farzaneh F, Talebpour Z. Synthesis and characterization of $Sr_3Al_2O_6$ nanocomposite as catalyst for biodiesel production [J]. *Bioresource Technology*, 2014, 154: 32-37.

[3] Rashid U, Ahmad J, Ibrahim M L, et al. Single-pot synthesis of biodiesel using efficient sulfonated-derived tea waste-heterogeneous catalyst [J]. *Materials*, 2019, 12: 2293.

[4] Zhang G M, Huang J, Huang G R, et al. Molecular cloning and heterologous expression of a new xylanase gene from *Plectosphaerella cucumerina* [J]. *Applied Microbiology and Biotechnology*, 2007, 85(2): 339-346.

[5] Lee A F, Bennett J A, Manayil J C, et al. Heterogeneous catalysis for sustainable biodiesel production via esterification and transesterification [J]. *Chemical Society Reviews*, 2014, 43: 7887-7916.

[6] Zhang Q Y, Zhang Y T, Deng T L, et al. Sustainable production of biodiesel over heterogeneous acid catalysts//Saravanamurugan S, Pandey A, Li H, Riisager A. Recent Advances in Development of Platform Chemicals. Elsevier, Chapter 16, 2020: 407-432.

[7] Li Y, Zhang X D, Sun L, et al. Fatty acid methyl ester synthesis catalyzed by solid superacid catalyst $SO_4^{2-}/ZrO_2\text{-}TiO_2/La^{3+}$ [J]. *Applied Energy*, 2010, 87: 156-159.

[8] Li Y, Zhang X D, Sun L, et al. Solid superacid catalyzed fatty acid methyl esters production from acid oil [J]. *Applied Energy*, 2010, 87: 2369-2373.

[9] Moreno J I, Jaimes R, Gómez R, et al. Evaluation of sulfated tin oxides in the esterification reaction of free fatty acids [J]. *Catalysis Today*, 2011, 172: 34-40.

[10] Man K L, Lee K T, Mohamed A R. Sulfated tin oxide as solid superacid catalyst for transesterification of waste cooking oil: an optimization study [J]. *Applied*

Catalysis B: *Environmental*, 2009, 93: 134-139.

[11] Wang Y, Ma S, Wang L, et al. Solid superacid catalyzed glycerol esterification of free fatty acids in waste cooking oil for biodiesel production [J]. *European Journal of Lipid Science and Technology*, 2012, 114: 315-324.

[12] Chang Y, Lee C, Bae C. Polystyrene-based superacidic solid acid catalyst: synthesis and its application in biodiesel production [J]. *RSC Advances*, 2014, 4: 47448-47454.

[13] Alhassan F H, Rashid U, Yunus R, et al. Synthesis of ferric-manganese doped tungstated zirconia nanoparticles as heterogeneous solid superacid catalyst for biodiesel production from waste cooking oil [J]. *International Journal of Green Energy*, 2015, 12: 987-994.

[14] Huang C C, Yang C J, Gao P J, et al. Characterization of alkaline earth metal-doped solid superacid and activity for the esterification of oleic acid with methanol [J]. *Green Chemistry*, 2015, 17: 3609-3620.

[15] Negm N A, Sayed G H, Habib O I, et al. Heterogeneous catalytic transformation of vegetable oils into biodiesel in one-step reaction using super acidic sulfonated modified mica catalyst [J]. *Journal of Molecular Liquids*, 2017, 237: 38-45.

[16] Hossain M N, Bhuyan M S U S, Alam A H M A, et al. Biodiesel from hydrolyzed waste cooking oil using a S-ZrO_2/SBA-15 super acid catalyst under sub-critical conditions [J]. *Energies*, 2018, 11: 299-311.

[17] Kansedo J, Lee K T. Transesterification of palm oil and crude sea mango (Cerberaodollam) oil: The active role of simplified sulfated zirconia catalyst [J]. *Biomass and Bioenergy*, 2012, 40(5): 96-104.

[18] Nuithitikul K, Prasitturattanachaiy W, Limtrakul J. Catalytic activity of Sulfated iron-tin mixed oxide for esterification of free fatty acids in crude palm oil: effects of iron precursor, calcination temperature and sulfate concentration [J]. *International Journal of Chemical Reactor Engineering*, 2011, 9: 1-22.

[19] Dacquin J P, Lee A F, Pirez C, et al. Pore-expanded SBA-15 sulfonic acid silicas for biodiesel synthesis [J]. *Chemical Communications*, 2012, 48(2): 212-214.

[20] Zhai D W, Nie Y Y, Yue Y H, et al. Esterification and transesterification on

Fe_2O_3-doped sulfated tin oxide catalysts [J]. *Catalysis Communications*, 2011, 12(7): 593-596.

[21] García-Sancho C, Moreno-Tost R, Mérida-Robles J M, et al. Niobium-containing MCM-41 silica catalysts for biodiesel production [J]. *Applied Catalysis B: Environmental*, 2011, 108-109: 161-167.

[22] Wang Y, Ma Shun, Wang L L, et al. Solid superacid catalyzed glycerol esterification of free fatty acids in waste cooking oil for biodiesel production [J]. *European Journal of Lipid Science and Technology*, 2012, 114(3): 315-324.

[23] Xie W L, Wang H Y, Li H. Silica-supported tin oxides as heterogeneous acid catalysts for transesterification of soybean oil with methanol [J]. *Industrial and Engineering Chemistry Research*, 2012, 51(1): 225-231.

[24] Shao G N, Sheikh R, Hilonga A, et al. Biodiesel production by sulfated mesoporous titania-silica catalysts synthesized by the sol-gel process from less expensive precursors [J]. *Chemical Engineering Journal*, 2013, 215-216: 600-607.

[25] Xie W L, Qi C, Wang H Y, et al. Phenylsulfonic acid functionalized mesoporous SBA-15 silica: A heterogeneous catalyst for removal of free fatty acids in vegetable oil [J]. *Fuel Processing Technology*, 2014, 119: 98-104.

[26] Subbiah V, Zwol P V, Dimian A C, et al. Glycerol esters from real waste cooking oil using a robust solid acid catalyst [J]. *Topics in Catalysis*, 2014, 57: 1545-1549.

[27] Saravanan K, Tyagi B, Shukla R S, et al. Esterification of palmitic acid with methanol over template-assisted mesoporous sulfated zirconia solid acid catalyst [J]. *Applied Catalysis B: Environmental*, 2015: 172-173, 108-115.

[28] Shu Q, Tang G, Lesmana H, et al. Preparation, characterization and application of a novel solid brönsted acid catalyst $SO_4^{2-}/La^{3+}/C$ for biodiesel production via esterification of oleic acid and methanol [J]. *Renewable Energy*, 2018, 119: 253-261.

[29] Srilatha K, Lingaiah N, Sai Prasad P S, et al. Influence of carbon chain length and unsaturation on the esterification activity of fatty acids on Nb_2O_5 catalyst [J]. *Industrial and Engineering Chemistry Research*, 2009, 48(24): 10816-10819.

[30] Yoo S J, Lee H S, Veriansyah B, et al. Synthesis of biodiesel from rapeseed oil using supercritical methanol with metal oxide catalysts [J]. *Bioresource Technology*, 2010, 101(22): 8686-8689.

[31] Mello V M, Pousa G P, Pereira M S, et al. Metal oxides as heterogeneous catalysts for esterification of fatty acids obtained from soybean oil [J]. *Fuel Processing Technology*, 2011, 92 (1): 53-57.

[32] Park Y M, Lee D W, Kim D K, et al. Esterification of used vegetable oils using the heterogeneous WO_3/ZrO_2 catalyst for production of biodiesel [J]. *Bioresource Technology*, 2010, 101(1): S59-S61.

[33] Park Y M, Chung S H, Eom H J, et al. Tungsten oxide zirconia as solid superacid catalyst for esterification of waste acid oil (dark oil) [J]. *Bioresource Technology*, 2010, 102(17): 6589-6593.

[34] Júnior C A R M, Albuquerque C E R, Carneiro J S A, et al. Solid acid catalyzed esterification of oleic acid assisted by microwave heating [J]. *Industrial and Engineering Chemistry Research*, 2010, 49, 12135-12139.

[35] de Almeida R M, Souza F T C, Júnior M A C, et al. Improvements in acidity for TiO_2 and SnO_2 via impregnation with MoO_3 for the esterification of fatty acids [J]. *Catalysis Communications*, 2014, 46: 179-182.

[36] Xie W L, Wang H Y, Li H. Silica-supported tin oxides as heterogeneous acid catalysts for transesterification of soybean oil with methanol [J]. *Industrial and Engineering Chemistry Research*, 2012, 51(1): 225-231.

[37] Senso N, Jongsomjit B, Praserthdam P. Effect of calcination treatment of zirconia on W/ZrO_2 catalysts for transesterification [J]. *Fuel Processing Technology*, 2011, 92: 1537-1542.

[38] Wan N N W O, Amin N A S. Biodiesel production from waste cooking oil over alkaline modified zirconia catalyst [J]. *Fuel Processing Technology*, 2011, 92: 2397-2405.

[39] Yan F, Yuan Z H, Lu P M, et al. Fe-Zn double-metal cyanide complexes catalyzed biodiesel production from high-acid-value oil [J]. *Renewable Energy*, 2011, 36: 2026-2031.

[40] Jiménez-Morales I, Santamaría-González J, Maireles-Torres P, et al. Zirconium doped MCM-41 supported WO_3 solid acid catalysts for the esterification of oleic

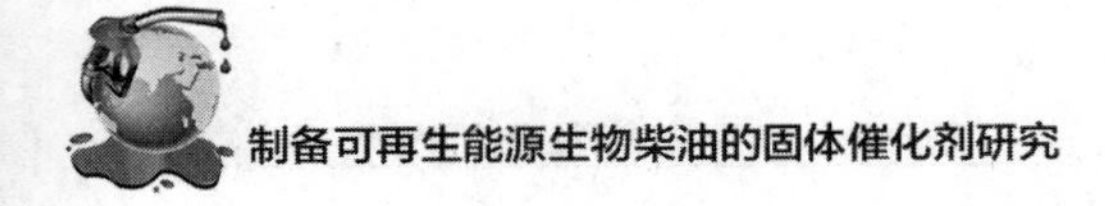

acid with methanol [J]. *Applied Catalysis A: General*, 2010, 379: 61-68.

[41] Guldhe A, Moura C V R, Singh P, et al. Conversion of microalgal lipids to biodiesel using chromium-aluminum mixed oxide as a heterogeneous solid acid catalyst [J]. *Renewable Energy*, 2017a, 105: 175-182.

[42] Hassan H M A, Betiha M A, Mohamed S K, et al. Salen- Zr(IV) complex grafted into amine-tagged MIL-101(Cr) as a robust multifunctional catalyst for biodiesel production and organic transformation reactions [J]. *Applied Surface Science*, 2017, 412: 394-404.

[43] Nunes R S, Altino F M, Meneghetti M R, et al. New mechanistic approaches for fatty acid methyl ester production reactions in the presence of Sn (IV) catalysts [J]. *Catalysis Today*, 2016, 289: 121-126.

[44] Chen G, Qiao H, Cao J, et al. Well-dispersed sulfated mesoporous WO_3/SiO_2 hybrid colloidal spheres: high-efficiency catalysts for the synthesis of fatty acid alkyl esters [J]. *Fuel*, 2016, 163: 41-47.

[45] Guldhe A, Singh P, Ansari F A, et al. Biodiesel synthesis from microalgal lipids using tungstated zirconia as a heterogeneous acid catalyst and its comparison with homogeneous acid and enzyme catalysts [J]. *Fuel*, 2017b, 187: 180-188.

[46] Pighin E, Díez V K, Cosimo J I D. Synthesis of ethyl lactate from triose sugars on Sn/Al_2O_3 catalysts [J]. *Applied Catalysis A: General*, 2016, 517: 151-160.

[47] Shabalala S, Maddila S, Zyl W E V, et al. A facile, efficacious and reusable Sm_2O_3/ZrO_2 catalyst for the novel synthesis of functionalized 1, 4-dihydropyridine derivatives [J]. *Catalysis Communications*, 2016, 79: 21-25.

[48] Tagusagawa C, Takagaki A, Hayashi S, et al. Efficient utilization of nanospace of layered transition metal oxide $HNbMoO_6$ as a strong, water- tolerant solid acid catalyst [J]. *Journal of the America Chemistry Society*, 2008, 130: 7230-7231.

[49] Takagaki A, Tagusagawa C, Domen K. Glucose production from saccharides using layered transition metal oxide and exfoliated nanosheets as a water-tolerant solid acid catalyst [J]. *Chemical Communications*, 2008, 42: 5363-5365.

[50] Tagusagawa C, Takagaki A, Hayashi S, et al. Evaluation of strong acid properties of layered $HNbMoO_6$ and catalytic activity for Friedel-Crafts alkylation [J]. *Catalysis Today*, 2009a, 142:267-271.

[51] Takagaki A, Sasaki R, Tagusagawa C, et al. Intercalation-induced esterification over a layered transition metal oxide [J]. *Topics in Catalysis*, 2009, 52: 592-596.

[52] Tagusagawa C, Takagaki A, Takanabe K, et al. Effects of transition-metal composition of protonated, layered nonstoichiometric oxides $H_{1-x}Nb_{1-x}Mo_{1+x}O_6$ on heterogeneous acid catalysis [J]. *The Journal of Physical Chemistry C*, 2009b, 113(40): 17421-17427.

[53] Tagusagawa C, Takagaki A, Hayashi S, et al. Characterization of $HNbWO_6$ and $HTaWO_6$ metal oxide nanosheet aggregates as solid catalysts [J]. *The Journal of Physical Chemistry C*, 2009c, 113(18): 7831-7837.

[54] Takagaki A. Production of 5-hydroxymethylfurfural from glucose in water by using transition metal-oxide nanosheet aggregates [J]. *Catalysts*, 2019, 9: 818.

[55] Tagusagawa C, Takagaki A, Takanabe K, et al. Layered and nanosheet tantalum molybdate as strong solid acid catalysts [J]. *Journal of Catalysis*, 2010a, 270(1): 206-212.

[56] Tagusagawa C, Takagaki A, Iguchi A, et al. Highly active mesoporous Nb-W oxide solid-acid catalyst [J]. *Angewandte Chemie International Edition*, 2010b, 49: 1128-1132.

[57] Tagusagawa C, Takagaki A, Takanabe K, et al. Effect of post-calcination thermal treatment on acid properties and pores structure of a mesoporous niobium-tungsten oxide [J]. *Catalysis Today*, 2012, 192(1): 144-148.

[58] Tagusagawa C, Takagaki A, Iguchi A, et al. Synthesis and characterization of mesoporous Ta-W oxides as strong solid acid catalysts [J]. *Chemistry of Materials*, 2010c, 22: 3072-3078.

[59] Tagusagawa C, Takagaki A, Iguchi A, et al. Synthesis and catalytic properties of porous Nb-Mo oxide solid acid [J]. *Catalysis Today*, 2011, 164(1): 358-363.

[60] He J, Li Q J, Tang Y, et al. Characterization of $HNbMoO_6$, $HNbWO_6$ and $HTiNbO_5$ as solid acids and their catalytic properties for esterification reaction [J]. *Applied Catalysis A: General*, 2012, 443-444: 145-152.

[61] Pope M T. Heteropoly and isopoly oxometalates [M]. Berlin: Springer-Verlag, 1983: 1-10.

[62] Wang E B, H C W, Xu L. Concise of polyoxometalate chemistry [M]. Beijing:

Chemical Industral Press, 1998, 4-5.

[63] Berzelius J. Bidrag till en närmare kännedom of molybden [J]. *Annalen Der Physik*, 1826, 6: 369.

[64] Keggin J F. The structure and formula of 12-phosphotungstic acid [J]. *Proceedings of the Royal Society of London A*, 1934, 144: 75-100.

[65] Dawson B. The structure of the 9(18)-heteropoly anion in potassium 9(18)-tungstophosphate $K_6(P_2W_{18}O_{62}) \cdot 14H_2O$ [J]. *Acta Crystallogr*, 1953, 6: 113-126.

[66] Anderson J S. Constitution of the poly-acids [J]. *Nature*, 1937, 140: 850-850.

[67] Waugh J L T, Schoemaker D P, Pauling L. On the structure of the heteropoly anion in ammonium 9-mo1ybdonianganate [J]. *Acta Crystallogr*, 1954, 7: 438-441.

[68] Tsay Y H, Silverton J V. Crystal structure of magnesium paratungstate and carpesterol p-iodobenzenesulfonate [J]. *Zeitschrift für Kristallographie-New Crystal Structures*, 1973, 137: 256.

[69] Lindqvist I. A comprehensive treatise on inorganic and theoretical chemistry [J]. *Arkiv för kemi*, 1950, 2: 325.

[70] Noritaka M, Makoto M. Heterogeneous catalysis [J]. *Chemical Reviews*, 1998, 98: 199-217.

[71] Morin P, Hamad B, Sapaly G, et al. Transesterification of rapeseed oil with ethanol: I. Catalysis with homogeneous Keggin heteropolyacids [J]. *Applied Catalysis A: General*, 2007, 330: 69-76.

[72] Cardoso A L, Augusti R, Da Silva M J. Investigation on the esterification of fatty acids catalyzed by the $H_3PW_{12}O_{40}$ heteropolyacid [J]. *Journal of the American Oil Chemists' Society*, 2008, 85: 555-560.

[73] Cao F H, Chen Y, Zhai F Y, et al. Biodiesel production from high acid value waste frying oil catalyzed by superacid heteropolyacid [J]. *Biotechnology and Bioengineering*, 2008, 101: 93-100.

[74] Noshadi I, Amin N A S, Parnas R S. Continuous production of biodiesel from waste cooking oil in a reactive distillation column catalyzed by solid heteropolyacid: Optimization using response surface methodology (RSM) [J]. *Fuel*, 2012, 94: 156-164.

[75] Fernandes S A, Cardoso A L, Silva M J A. Novel kinetic study of $H_3PW_{12}O_{40}$-

catalyzed oleic acid esterification with methanol via 1H NMR spectroscopy [J]. *Fuel Processing Technology*, 2012, 96: 98-103.

[76] Talebian-Kiakalaieh A, Amin N A S, Zarei A, et al. Transesterification of waste cooking oil by heteropoly acid (hpa) catalyst: optimization and kinetic model [J]. *Applied Energy*, 2013, 102: 283-292.

[77] Sun Z, Duan X X, Zhao J, et al. Homogeneous borotungstic acid and heterogeneous micellar borotungstic acid catalysts for biodiesel production by esterification of free fatty acid [J]. *Biomass and Bioenergy*, 2015, 76: 31-42.

[78] Zhao P P, Zhang Y Y, Wang Y, et al. Conversion of glucose into 5-hydroxymethylfurfural catalyzed by acid-base bifunctional heteropolyacid-based ionic hybrids [J]. *Green Chemistry*, 2018, 20: 1551-1559.

[79] Han J Y, Wang D P, Du Y H, et al. Polyoxometalate immobilized in MIL-101(Cr) as an efficient catalyst for water oxidation [J]. *Applied Catalysis A: General*, 2016, 521: 83-89.

[80] Chai F, Cao F H, Zhai F Y, et al. Transesterification of vegetable oil to biodiesel using a heteropolyacid solid catalyst [J]. *Advanced Synthesis and Catalysis*, 2007, 349: 1057-1065.

[81] Li S W, Wang Y P, Dong S W, et al. Biodiesel production from eruca sativa gars vegetable oil and motor, emissions properties [J]. *Renewable Energy*, 2009, 34: 1871-1876.

[82] Zhang S, Zu Y G, Fu Y J, et al. Rapid microwave-assisted transesterification of yellow horn oil to biodiesel using a heteropolyacid solid catalyst [J]. *Bioresource Technology*, 2010, 101: 931-936.

[83] Santos J S, Dias J A, Dias S C L, et al. Acidic characterization and activity of $(NH_4)_xCs_{2.5-x}H_{0.5}PW_{12}O_{40}$ catalysts in the esterification reaction of oleic acid with ethanol [J]. *Applied Catalysis A: General*, 2012, 443-444: 33-39.

[84] Srilatha K, Sree R, Devi B L A P, et al. Preparation of biodiesel from rice bran fatty acids catalyzed by heterogeneous cesium-exchanged 12-tungstophosphoric acids [J]. *Bioresource Technology*, 2012, 116: 53-57.

[85] Shin H Y, An S H, Sheikh R, et al. Transesterification of used vegetable oils with a Cs-doped heteropolyacid catalyst in supercritical methanol [J]. *Fuel*, 2012, 96: 572-578.

[86] Badday A S, Abdullah A Z, Lee K T. Ultrasound-assisted transesterification of crude Jatropha oil using cesium doped heteropolyacid catalyst: Interactions between process variables [J]. *Energy*, 2013, 60: 283-291.

[87] Vu T H T, Au H T, Nguyen T M T, et al. Esterification of 2-keto-l-gulonic acid catalyzed by a solid heteropoly acid [J]. *Catalysis Science and Technology*, 2013, 3: 699-705.

[88] Han X X, Chen K K, Yan W, et al. Amino acid-functionalized heteropolyacids as efficient and recyclable catalysts for esterification of palmitic acid to biodiesel [J]. *Fuel*, 2016, 165: 115-122.

[89] Da Silva M J, Vilanculo C B, Teixeira M G, et al. Catalysis of vegetable oil transesterification by Sn (II)-exchanged Keggin heteropolyacids: bifunctional solid acid catalysts [J]. *Reaction Kinetics, Mechanisms and Catalysis*, 2017, 122: 1011-1030.

[90] Li J, Li D, Xie J, et al. Pyrazinium polyoxometalate tetrakaidecahedron-like crystals esterify oleic acid with equimolar methanol at room temperature [J]. *Journal of Catalysis*, 2016, 339: 123-134.

[91] Su F, Ma L, Song D Y, et al. Design of a highly ordered mesoporous $H_3PW_{12}O_{40}$/ZrO_2-Si(Ph)Si hybrid catalyst for methyl levulinate synthesis [J]. *Green Chemistry*, 2013, 15: 885-890.

[92] Zhu S H, Zhu Y L, Gao X Q, et al. Production of bioadditives from glycerol esterification over zirconia supported heteropolyacids [J]. *Bioresource Technology*, 2013, 130: 45-51.

[93] Srinivas M, Raveendra G, Parameswaram G, et al. Cesium exchanged tungstophosphoric acid supported on tin oxide: An efficient solid acid catalyst for etherification of glycerol with tert-butanol to synthesize biofuel additives [J]. *Journal of Molecular Catalysis A: Chemical*, 2016, 413: 7-14.

[94] Ma W W, Xu Y, Ma K W, et al. Electrospinning synthesis of $H_3PW_{12}O_{40}$/TiO_2 nanofiber catalyticmaterials and their application in ultra-deep desulfurization [J]. *Applied Catalysis A: General*, 2016, 526: 147-154.

[95] Bertolini G R, Pizzio L R, Kubacka A, et al. Composite $H_3PW_{12}O_{40}$-TiO_2 catalysts for toluene selective photo-oxidation [J]. *Applied Catalysis B: Environmental*, 2018, 225: 100-109.

[96] Pacuła A, Pamin K, Kryściak-Czerwenka J, et al. Physicochemical and catalytic properties of hybrid catalysts derived from 12-molybdophosphoric acid and montmorillonites [J]. *Applied Catalysis A: General*, 2015, 498: 192-204.

[97] Wang H F, Zhang L, Yang Y F, et al. One-pot synthesis of cyclohexanone oxime from cyclohexanol on a single site multifunctional catalyst: $H_3PW_{12}O_{40}$ incorporated on exfoliated montmorillonite [J]. *Catalysis Communications*, 2016, 87: 27-31.

[98] Gawade A B, Tiwari M S, Yadav G D. Biobased green process: Selective hydrogenation of 5-hydroxymethyl furfural (HMF) to 2,5 dimethyl furan (DMF) under mild conditions using Pd-$Cs_{2.5}H_{0.5}PW_{12}O_{40}$/K-10 clay [J]. *ACS Sustainable Chemistry and Engineering*, 2016, 4: 4113-4123.

[99] Klein M, Varvak A, Segal E, et al. Sonochemical synthesis of HSiW/graphene catalysts for enhanced biomass hydrolysis [J]. *Green Chemistry*, 2015, 17: 2418-2425.

[100] Gadamsetti S, Rajan N P, Rao G S, et al. Acetalization of glycerol with acetone to bio fuel additives over supported molybdenum phosphate catalysts [J]. *Journal of Molecular Catalysis A: Chemical*, 2015, 410: 49-57.

[101] Popa A, Sasca V, Bajuk-Bogdanović D, et al. Acidic nickel salts of Keggin type heteropolyacids supported on SBA-15 mesoporous silica [J]. *Journal of Porous Materials*, 2016, 23: 211-223.

[102] Gomes F N D C, Mendes F M T, Souza M M V M. Synthesis of 5-hydroxymethylfurfural from fructose catalyzed by phosphotungstic acid [J]. *Catalysis Today*, 2016, 279: 296-304.

[103] Cotta R F, Da S R K A, Kozhevnikova E F, et al. Coupling of monoterpenic alkenes and alcohols with benzaldehyde catalyzed by silica-supported tungstophosphoric heteropoly acid [J]. *Catalysis Today*, 2017, 289: 14-19.

[104] Safariamin M, Paul S, Moonen K, et al. Novel direct amination of glycerol over heteropolyacid-based catalysts [J]. *Catalysis Science and Technology*, 2016, 6: 2129-2135.

[105] Zhao Z K, Wang X H. Supported phosphotungstic acid catalyst on mesoporous carbon with bimodal pores: A superior catalyst for Friedel-Crafts alkenylation of aromatics with phenylacetylene [J]. *Applied Catalysis A: General*, 2016,

526：139-146.

[106] Wang H F, Fang L P, Yang Y F, et al. $H_5PMo_{10}V_2O_{40}$ immobilized on functionalized chloromethylated polystyrene by electrostatic interactions: a highly efficient and recyclable heterogeneous catalyst for hydroxylation of benzene [J]. *Applied Catalysis A: General*, 2016, 6: 8005-8015.

[107] Xu Y, Huang W J, Chen X Y, et al. Self-assembled ZnAl-LDH/PMo_{12} nano-hybrids as effective catalysts on the degradation of methyl orange under room temperature and ambient pressure [J]. *Applied Catalysis A: General*, 2018, 550: 206-213.

[108] Kirpsza A, Lalik E, Mordarski G, et al. Catalytic properties of carbon nanotubes-supported heteropolyacids in isopropanol conversion [J]. *Applied Catalysis A: General*, 2018, 549: 254-262.

[109] Clemente M C H, Martins G A V, de Freitas E F, et al. Ethylene production via catalytic ethanol dehydration by 12-tungstophosphoric acid@ceria-zirconia [J]. *Fuel*, 2019, 239: 491-501.

[110] Srilatha K, Kumar C R, Devi B L A P, et al. Efficient solid acid catalysts for esterification of free fatty acids with methanol for the production of biodiesel [J]. *Catalysis Science and Technology*, 2011, 1(4): 662-668.

[111] Júnior L O D S, Cavalcanti R M, Matos T M D, et al. Esterification of oleic acid using 12-tungstophosphoric supported in flint kaolin of the Amazonia [J]. *Fuel*, 2013, 108: 604-611.

[112] Yan K, Wu G S, Wen J L, et al. One-step synthesis of mesoporous $H_4SiW_{12}O_{40}$-SiO_2 catalysts for the production of methyl and ethyl levulinate biodiesel [J]. *Catalysis Communications*, 2013, 34: 58-63.

[113] Duan X X, Liu Y, Zhao Q, et al. Water-tolerant heteropolyacid on magnetic nanoparticles as efficient catalysts for esterification of free fatty acid [J]. *RSC Advances*, 2013, 3: 13748-13755.

[114] Nandiwale K Y, Bokade V V. Process optimization by response surface methodology and kinetic modeling for synthesis of methyl oleate biodiesel over $H_3PW_{12}O_{40}$ anchored montmorillonite K10 [J]. *Industrial and Engineering Chemistry Research*, 2014, 53: 18690-18698.

[115] Singh S, Patel A. Mono lacunary phosphotungstate anchored to MCM-41 as

recyclable catalyst for biodiesel production via transesterification of waste cooking oil [J]. *Fuel*, 2015, 159: 720-727.

[116] Wang S L, Tang R Z, Zhang Y Z, et al. 12-Molybdophosphoric acid supported on titania: A highly active and selective heterogeneous catalyst for the transesterification of dimethyl carbonate and phenol [J]. *Chemical Engineering Science*, 2015, 138: 93-98.

[117] Zhang D Y, Duan M H, Yao X H, et al. Preparation of a novel cellulose-based immobilized heteropoly acid system and its application on the biodiesel production [J]. *Fuel*, 2016, 172: 293-300.

[118] Fu S P, Chu J F, Chen X, et al. Well-dispersed $H_3PW_{12}O_{40}/H_4SiW_{12}O_{40}$ nanoparticles on mesoporous polymer for highly efficient acid-catalyzed reactions [J]. *Industrial and Engineering Chemistry Research*, 2015, 54: 11534-11542.

[119] Wu M, Zhang X L, Su X L, et al. 3D graphene aerogel anchored tungstophosphoric acid catalysts: Characterization and catalytic performance for levulinic acid esterification with ethanol [J]. *Catalysis Communications*, 2016, 85: 66-69.

[120] Freitas E F, Paiva M F, Dias S C L, et al. Generation and characterization of catalytically active sites of heteropolyacids on zeolite Y for liquid-phase esterification [J]. *Catalysis Today*, 2016, 289: 70-77.

[121] Prado R G, Bianchi M L, Mota E G D, et al. $H_3PMo_{12}O_{40}$/agroindustry waste activated carbon-catalyzed esterification of lauric acid with methanol: A renewable catalytic support [J]. *Waste and Biomass Valorization*, 2018, 9: 669-679.

[122] da Conceiçao L R V, Carneiro L M, Giordani D S, et al. Synthesis of biodiesel from macaw palm oil using mesoporous solid catalyst comprising 12-molybdophosphoric acid and niobia [J]. *Renewable Energy*, 2017, 113: 119-128.

[123] Wang Y Q, Zhao D, Wang L L, et al. Immobilized phosphotungstic acid based ionic liquid: Application for heterogeneous esterification of palmitic acid [J]. *Fuel*, 2018, 216: 364-370.

[124] Kurhade A, Zhu J F, Hu Y F, et al. Surface investigation of tungstophosphoric

acid supported on ordered mesoporous aluminosilicates for biodiesel synthesi [J]. *ACS Omega*, 2018, 3: 14064-14075.

[125] Kulkarni M G, Gopinath R, Meher L C, et al. Solid acid catalyzed biodiesel production by simultaneous esterification and transesterification [J]. *Green Chemistry*, 2006, 8(12): 1056-1062.

[126] Alcañiz-Monge J, Bakkalia B E, Trautwein G, et al. Zirconia-supported tungstophosphoric heteropolyacid as heterogeneous acid catalyst for biodiesel production [J]. *Applied Catalysis B: Environmental*, 2018, 224: 194-203.

[127] Huang L M, Wang H T, Chen J X, et al. Synthesis, morphology control, and properties of porous metal-organic coordination polymers [J]. *Microporous and Mesoporous Materials*, 2003, 58: 105-114.

[128] Zheng H Q, Zhang Y N, Liu L F, et al. One-pot synthesis of metal-organic frameworks with encapsulated target molecules and their applications for controlled drug delivery [J]. *Journal of the American Chemical Society*, 2015, 138: 962-968.

[129] Wee L H, Bajpe S R, Janssens N, et al. Convenient synthesis of $Cu_3(BTC)_2$ encapsulated Keggin heteropolyacid nanomaterial for application in catalysis [J]. *Chemical Communications*, 2010, 46: 8186-8188.

[130] Wee L H, Janssens N, Bajpe S R, et al. Heteropolyacid encapsulated in $Cu_3(BTC)_2$ nanocrystals: An effective esterification catalyst [J]. *Catalysis Today*, 2011, 171: 275-280.

[131] Nikseresht A, Daniyali A, Ali-Mohammadi M, et al. Ultrasound-assisted biodiesel production by a novel composite of Fe (III)-based MOF and phosphotangestic acid as efficient and reusable catalyst [J]. *Ultrasonics Sonochemistry*, 2017, 37: 203-207.

[132] Li L, Zou C J, Zhou L, et al. Cucurbituril-protected $Cs_{2.5}H_{0.5}PW_{12}O_{40}$ for optimized biodiesel production from waste cooking oil [J]. *Renewable Energy*, 2017, 107: 14-22.

[133] Hu X F, Lu Y K, Dai F N, et al. Host-guest synthesis and encapsulation of phosphotungstic acid in MIL-101 via bottle around ship: An effective catalyst for oxidative desulfurization [J]. *Microporous and Mesoporous Materials*, 2013, 170: 36-44.

[134] Ribeiro S, Barbosa A D S, Gomes A C, et al. Catalytic oxidative desulfurization systems based on Keggin phosphotungstate and metal-organic framework MIL-101 [J]. *Fuel Processing Technology*, 2013, 116: 350-357.

[135] Xie W L, Yang X L, Hu P T. $Cs_{2.5}H_{0.5}PW_{12}O_{40}$ encapsulated in metal-organic framework UiO-66 as heterogeneous catalysts for acidolysis of soybean oil [J]. *Catalysis Letters*, 2017, 147: 2772-2782.

[136] Malkar R S, Yadav G D. Synthesis of cinnamyl benzoate over novel heteropoly acid encapsulated ZIF-8 [J]. *Applied Catalysis A: General*, 2018, 560: 54-65.

[137] Danuthai T, Jongpatiwut S, Rirksomboon T, et al. Conversion of methylesters to hydrocarbons over an H-ZSM5 zeolite catalyst [J]. *Applied Catalysis A: General*, 2009, 361: 99-105.

[138] Li X, Li B, Xu J, et al. Synthesis and characterization of Ln-ZSM-5/MCM-41 (Ln = La, Ce) by using kaolin as raw material [J]. *Applied Clay Science*, 2010, 50: 81-86.

[139] Carrero A, Vicente G, Rodríguez R, et al. Hierarchical zeolites as catalysts for biodiesel production from Nannochloropsis microalga oil [J]. *Catalysis Today*, 2011, 167(1): 148-153.

[140] Vieira S S, Magriotis Z M, Santos N A V, et al. Biodiesel production by free fatty acid esterification using lanthanum (La^{3+}) and HZSM-5 based catalysts [J]. *Bioresource Technology*, 2013, 133: 248-255.

[141] Chung K H, Park B G. Esterification of oleic acid in soybean oil on zeolite catalysts with different acidity [J]. *Journal of Industrial and Engineering Chemistry*, 2009, 15: 388-392.

[142] Vieira S S, Magriotis Z M, Graça I, et al. Production of biodiesel using HZSM-5 zeolites modified with citric acid and SO_4^{2-}/La_2O_3 [J]. *Catalysis Today*, 2017, 279: 267-273.

[143] Bayat A, Sadrameli S M, Towfighi J. Production of green aromatics via catalytic cracking of Canola Oil Methyl Ester (CME) using HZSM-5 catalyst with different Si/Al ratios [J]. *Fuel*, 2016, 180: 244-255.

[144] Doyle A M, Albayati T M, Abbas A S, et al. Biodiesel production by esterification of oleic acid over zeolite Y prepared from kaolin [J]. *Renewable Energy*, 2016, 97: 19-23.

[145] Ramadhani D G, Sarjono A W, Setyoko H, et al. Synthesis of natural Ni/zeolite activated by acid as catalyst for synthesis biodiesel from Ketapang seeds oil [J]. *Jurnal Kimia Dan Pendidikan Kimia*, 2017, 2: 72.

[146] González M D, Cesteros Y, Salagre P. Establishing the role of Brønsted acidity and porosity for the catalytic etherification of glycerol with tert-butanol by modifying zeolites [J]. *Applied Catalysis A: General*, 2013, 450: 178-188.

[147] Shibasaki-Kitakawa N, Honda H, Kuribayashi H, et al. Biodiesel production using anionic ion-exchange resin as heterogeneous catalyst. *Bioresource Technology*, 2007, 98: 416-421.

[148] Marchetti J M, Miguel V U, Errazu A F. Heterogeneous esterification of oil with high amount of free fatty acids [J]. *Fuel*, 2007, 86(5-6): 906-910.

[149] Feng Y H, He B Q, Cao Y H, et al. Biodiesel production using cation-exchange resin as heterogeneous catalyst [J]. *Bioresource Technology*, 2010, 101(5): 1518-1521.

[150] Gan S, Ng H K, Chan P H, et al. Heterogeneous free fatty acids esterification in waste cooking oil using ion-exchange resins [J]. *Fuel Processing Technology*, 2012, 102: 67-72.

[151] Đặng T H, Chen B H. Optimization in esterification of palmitic acid with excess methanol by solid acid catalyst [J]. *Fuel Processing Technology*, 2013, 109: 7-12.

[152] Haigh K F, Abidin S Z, Vladisavljević G T, et al. Comparison of Novozyme 435 and Purolite D5081 as heterogeneous catalysts for the pretreatment of used cooking oil for biodiesel production [J]. *Fuel*, 2013: 111: 186-193.

[153] Suyin G, Chan P H, Leong F L. Heterogeneous free fatty acids esterification in waste cooking oil using ion-exchange resins. *Fuel Processing Technology*, 2012, 102: 67-72.

[154] He B, Shao Y, Ren Y, et al. Continuous biodiesel production from acidic oil using a combination of cation-and anion-exchange resins. *Fuel Processing Technology*, 2015, 130: 1-6.

[155] Boz N, Degirmenbasi N, Kalyon D M. Esterification and transesterification of waste cooking oil over Amberlyst 15 and modified Amberlyst 15 catalysts. *Applied Catalysis B: Environmental*, 2015, 165: 723-730.

[156] Zhang H, Gao J, Zhao Z, et al. Esterification of fatty acids from waste cooking oil to biodiesel over a sulfonated resin/PVA composite. *Catalysis Science and Technology*, 2016, 6: 5590-5598.

[157] Fu J, Li Z, Xing S, et al. Cation exchange resin catalysed biodiesel production from used cooking oil (UCO): investigation of impurities effect. *Fuel*, 2016, 181: 1058-1065.

[158] Pan Y, Alam M A, Wang Z, et al. Enhanced esterification of oleic acid and methanol by deep eutectic solvent assisted amberlyst heterogeneous catalyst. *Bioresource Technology*, 2016, 220: 543-548.

[159] Zhang L, Xian M, He Y C, et al. A Brønsted acidic ionic liquid as an efficient and environmentally benign catalyst for biodiesel synthesis from free fatty acids and alcohols [J]. *Bioresource Technology*, 2009, 100: 4368-4373.

[160] Guo F, Fang Z, Tian X F, et al. One-step production of biodiesel from Jatropha oil with high-acid value in ionic liquids [J]. *Bioresource Technology*, 2011, 102: 6469-6472.

[161] He L, Qin S, Chang T, et al. Biodiesel synthesis from the esterification of free fatty acids and alcohol catalyzed by long-chain Brønsted acid ionic liquid [J]. *Catalysis Science & Technology*, 2013, 3: 1102-1107.

[162] Leng Y, Jiang P, Wang J. A novel Brønsted acidic heteropolyanion-based polymeric hybrid catalyst for esterification [J]. *Catalysis Communications*, 2012, 25: 41-44.

[163] Han M, Yi W, Wu Q, et al. Preparation of biodiesel from waste oils catalyzed by a Brønsted acidic ionic liquid [J]. *Bioresource Technology*, 2009, 99: 2308-2310.

[164] Ullah Z, Bustam M A, Man Z. Biodiesel production from waste cooking oil by acidic ionic liquid as a catalyst [J]. *Renewable Energy*, 2015, 77: 521-526.

[165] Wahidin S, Idris A, Sitti Raehanah M S. Ionic liquid as a promising biobased green solvent in combination with microwave irradiation for direct biodiesel production [J]. *Bioresource Technology*, 2016, 206: 150-154.

[166] Caldas B S, Nunes C S, Souza P R, et al. Supercritical ethanolysis for biodiesel production from edible oil waste using ionic liquid [HMim][HSO_4] as catalyst [J]. *Applied Catalysis B: Environmental*, 2016, 181: 289-297.

[167] Olkiewicz M, Plechkova N V, Earle M J, et al. Biodiesel production from sewage sludge lipids catalysed by Brønsted acidic ionic liquids [J]. *Applied Catalysis B: Environmental*, 2016, 181: 738-746.

[168] Qiu T, Guo X T, Yang J B, et al. The synthesis of biodiesel from coconut oil using novel Brønsted acidic ionic liquid as green catalyst [J]. *Chemical Engineering Journal*, 2016, 296: 71-78.

[169] Lu D, Zhao J, Leng Y, et al. Novel porous and hydrophobic POSS-ionic liquid polymeric hybrid as highly efficient solid acid catalyst for synthesis of oleate [J]. *Catalysis Communications*, 2016, 83: 27-30.

[170] Wu Z, Chen C, Guo Q, et al. Novel approach for preparation of poly (ionic liquid) catalyst with macroporous structure for biodiesel production [J]. *Fuel*, 2016, 184: 128-135.

[171] Han M J, Gu Z, Chen C, et al. Efficient confinement of ionic liquids in the MIL-100 (Fe) frameworks by the "impregnation-reaction-encapsulation" strategy for biodiesel production [J]. *RSC Advances*, 2016, 6: 37110-37117.

[172] Hasan Z, Jun J W, Jhung S H. Sulfonic acid-functionalized MIL-101(Cr): An efficient catalyst for esterification of oleic acid and vapor-phase dehydration of butanol [J]. *Chemical Engineering Journal*, 2015, 278: 265-271.

[173] Melero J A, Bautista L F, Morales G, et al. Acid-catalyzed production of biodiesel over arenesulfonic SBA-15: insights into the role of water in the reaction network [J]. *Renewable Energy*, 2015, 75: 425-432.

[174] Soltani S, Rashid U, Yunus R, et al. Biodiesel production in the presence of sulfonated mesoporous $ZnAl_2O_4$ catalyst via esterification of palm fatty acid distillate (PFAD) [J]. *Fuel*, 2016, 178: 253-262.

[175] Malins K, Brinks J, Kampars V, et al. Esterification of rapeseed oil fatty acids using a carbon-based heterogeneous acid catalyst derived from cellulose [J]. *Applied Catalysis A: General*, 2016, 519: 99-106.

[176] Lokman I M, Rashid U, Yun T Y. Meso- and macroporous sulfonated starch solid acid catalyst for esterification of palm fatty acid distillate [J]. *Arabian Journal of Chemistry*, 2016, 9: 179-189.

[177] Yu H, Niu S, Lu C, et al. Sulfonated coal-based solid acid catalyst synthesis and esterification intensification under ultrasound irradiation [J]. *Fuel*, 2017,

208：101-110.

［178］ Gardy J，Hassanpour A，Lai X，et al. Biodiesel production from used cooking oil using a novel surface functionalised TiO_2 nano-catalyst ［J］. *Applied Catalysis B：Environmental*，2017，207：297-310.

［179］ Nata I F，Putra M D，Irawan C，et al. Catalytic performance of sulfonated carbon-based solid acid catalyst on esterification of waste cooking oil for biodiesel production ［J］. *Journal of Environmental Chemical Engineering*，2017，5：2171-2175.

［180］ Guan Q Q，Li Y，Chen Y，et al. Sulfonated multi-walled carbon nanotubes for biodiesel production through triglycerides transesterification ［J］. *RSC Advances*，2017，7：7250-7258.

［181］ Nongbe M C，Ekou T，Ekou L，et al. Biodiesel production from palm oil using sulfonated graphene catalyst ［J］. *Renewable Energy*，2017，106：135-141.

［182］ Niu S L，Ning Y，Lu C，et al. Esterification of oleic acid to produce biodiesel catalyzed by sulfonated activated carbon from bamboo ［J］. *Energy Conversion and Management*，2018，163：59-65.

［183］ Zhou Y，Noshadi I，Ding H，et al. Solid acid catalyst based on single-layer α-zirconium phosphate nanosheets for biodiesel production via esterification ［J］. *Catalysts*，2018，8：17-24.

第 3 章　固体碱催化剂研究概况

固体碱催化剂在催化酯交换反应中表现高的催化活性，特别适用于低酸值油料的酯交换反应。目前，用于酯交换制备生物柴油的固体碱催化剂大致可分为碱土金属氧化物、水滑石类、碱金属、碱土金属负载型催化剂及阴离子交换树脂。

3.1　碱土金属氧化物

3.1.1　单一碱土金属氧化物

碱土金属氧化物的碱性主要是由成对的 M^{2+}-O^{2-} 产生，作为固体碱催化剂其活性中心具有极强供电子或接受电子能力，有一个表面阴离子空穴，即自由电子中心由表面 O^{2-} 产生（Hattori，1995）。目前，用于酯交换反应制备生物柴油的碱土金属主要有 Ca、Mg、Sr 和 Ba 等。Patil 课题组（2009）发现碱土金属氧化物催化活性顺序为 BaO＞SrO＞CaO＞MgO。从中可以看出，BaO 催化活性最高，但 BaO 在反应过程中极易溶于极性溶剂甲醇中，且 BaO 有毒，极大地限制了 BaO 在生物柴油合成领域的应用（Yan，2008）。其余几种常用的碱土金属氧化物（SrO、CaO、MgO）既有与 BaO 相当的催化活性，又不易溶解于甲醇中，是催化合成生物柴油较为理想的固体碱催化剂。在实际催化反应中，SrO 虽然有较高的催化活性，但易受外界环境的影响而失活。Liu 等（2007）发现 SrO 虽有较高的催化活性，但其极易受空气中 H_2O 和 CO_2 的影响形成 $SrCO_3$ 和 $Sr(OH)_2$ 而失去催化活性，致使催化剂中毒。而早期的 Peterson 等（1984）研究发现 MgO 碱性较弱，不宜应用于生物柴油的制备。在碱土金属元素形成的氧化物中，CaO 因其价格低廉、来源广泛、碱

性强、不易溶于甲醇等优点，是当今研究最多的碱土金属氧化物固体碱。Lizuka等(1971)研究发现CaO固体碱的研究起源于其表面的O^{2-}，同时，CaO是由离子晶体形成的，由于电负性太小，其金属阳离子的路易斯特酸性非常弱，为此其共轭的O^{2-}有很强的碱性。经以苯甲醛等为酸性分子探针的红外光谱来鉴定，结果表明，酸性分子探针的存在导致在3650 cm^{-1}处出现了新的—OH振动键，而这个新的—OH振动键来自O^{2-}表面的酸性分子探针的抽象质子。

Gryglewicz等(1999)采用NaOH、$Ba(OH)_2$、$Ca(OH)_2$、$Ca(OCH_3)_2$及CaO作为碱催化剂，催化菜籽油与甲醇进行酯交换反应制备生物柴油。结果显示，其在反应过程中的催化活性顺序为NaOH＞$Ba(OH)_2$＞$Ca(OCH_3)_2$＞CaO＞$Ca(OH)_2$。Bancquart等(2001)研究了以MgO、La_2O_3、CeO_2及ZnO等金属氧化物为固体碱催化剂催化酯交换制备生物柴油。结果表明，固体碱催化剂的单位面积碱性越强，其催化活性越高。

Kouzu等(2009)选取CaO作为催化剂催化大豆油制备生物柴油，深入研究了CaO在反应过程中流失的机理。研究发现，经反应后产品和甘油中钙离子的含量分别为139 μg/mL和4602 μg/mL，说明所使用的催化剂中有10.5 wt.%的可溶性物质，这是由于反应最开始CaO转化为二甘油钙氧化物，从而钙的流失来自二甘油钙氧化物。Granados等(2007)将CaO应用于催化葵花油酯交换制备生物柴油，经优化各反应条件，在最优条件下，其生物柴油产率为94%，且该催化剂重复使用8次后生物柴油产率仍达80%以上。Kawashima等(2009)利用CaO催化菜籽油酯交换制备生物柴油，研究发现，反应开始前先将CaO在甲醇溶液中搅拌1.5 h，再用于催化酯交换反应，结果发现该方法有效地提高了CaO的催化活性，这可能是由于CaO与甲醇反应生成了$Ca(OCH_3)_2$，$—OCH_3$更有利于催化反应的进行。Verziu等(2011)将市售的CaO经水解处理后真空焙烧，得到活化后的CaO催化剂，并将其催化菜籽油酯交换制备生物柴油。研究发现，经处理的CaO较未处理的活性高，在最佳条件下，其产品中脂肪酸甲酯含量达70%。然而该催化剂重复使用3次后，催化活性急剧下降，脂肪酸甲酯含量仅为35%，可能是由于催化剂结构的坍塌、活性位点的堵塞，且CaO催化剂在使用时容易受CO_2、H_2O的影响导致催化剂的中毒。Hidaka等(2008)针对CaO催化剂的失活，系统研究了空气中H_2O、CO_2对CaO的催化活性的影响。经研究分析，CaO失活的主要原因是CaO与空气中的CO_2、H_2O反应生成了$CaCO_3$和$Ca(OH)_2$，导致催化剂变质中毒，且CO_2对CaO催化剂的影响较大。Liu等(2008)研究发现在酯交换反应制备

生物柴油的过程中适量的水(2.03 wt.%)能够提高 CaO 的催化活性,分析认为 H_2O 能电离产生—OH,从而增加 CaO 表面的碱性位点。结果表明,反应过程中甲醇的含水量为 2.03 wt.% 时,其生物柴油产率能从 80%提高到至 95%。值得注意的是,CaO 催化剂在该反应体系中循环使用 20 次,生物柴油产率仍在 80%以上,其催化剂寿命较 K_2CO_3/Al_2O_3 和 KF/Al_2O_3 等负载型固体碱长,但反应过程中必须严格控制反应体系中的含水量。为了提高 CaO 催化酯交换制备生物柴油的产率,Esipovich 等采用甘油预先活化 CaO 催化剂,结果表明,甘油活化后的 CaO 相较于甲醇活化的 CaO 催化剂(生物柴油产率达 76.9%)具有更高的活性(生物柴油产率达 82.6%),分析认为经甘油活化后的 CaO 生成活性较高的甘油化钙复合物,有效地提高了生物柴油产率,且重复使用 5 次,催化活性无明显失活。

为了改善商用 CaO 的催化活性、稳定性及增加其比表面积,最近采用蛤壳、鲍鱼壳、鸡蛋壳、鸡粪等为原料,经一定的物理化学方法制备得到改性 CaO 固体碱催化剂应用于生物柴油合成也受到了较大的关注。Chen 等(2014)以废鸵鸟蛋壳为原料,制备了改性 CaO 固体碱催化剂,并在超声波的条件下将其催化棕榈油酯交换合成生物柴油。结果显示,得到的催化剂展现了高的催化活性,且催化剂重复使用 8 次,其生物柴油产率能达 80%。Asikin-Mijan 等(2015)利用废的蛤壳为原料,通过水合脱水的方法制备得到改性的 CaO 固体碱,得到的催化剂生成了活性组分 $CaO/Ca(OH)_2$,且比表面积得到了增加。将该催化剂应用于棕榈油酯交换制备生物柴油,在较为温和的条件下反应 2 h,生物柴油产率达 98%。将该改性 CaO 固体碱进行重复使用性实验,结果显示,重复使用第二次,生物柴油产率仍达 98%,但重复第三次、第四次时,生物柴油产率急剧下降,分别为 50%、0%,这是由于活性组分相 $Ca(OH)_2$ 流失到反应体系,使催化剂活性下降。另外,经对合成的棕榈生物柴油的性质进行测定,发现合成的产品满足国际生物柴油标准(石油 ULSD, ASTMD6751,EN14214)。Niju 等(2016)也采用了蛤壳为原料,通过煅烧-水合-脱水的处理,制备得改性 CaO 固体碱,并应用于地沟油制备生物柴油。结果表明,改性 CaO 固体碱在催化地沟油脂交换制备生物柴油中较商用 CaO(生物柴油产率 67.57%)催化活性高(生物柴油产率 94.25%)。关于单一碱土金属氧化物固体碱在催化酯交换制备生物柴油中的具体应用见表 3-1。

表 3-1 用于酯交换制备生物柴油的单一碱土金属氧化物概况

Table 3-1 Production of biodiesel by transesterification using alkaline earth metal oxide catalysts

序号	催化剂	原料	催化剂用量	醇/油脂摩尔比	反应时间	反应温度	产率 Y 或转化率 C/%	重复使用	参考文献
1	CaO	葵花油	1 wt.%	甲醇:油=13:1	1.5 h	60℃	Y=94	重复使用8次，Y≥80%	(Granados, 2007)
2	CaO	菜籽油	0.1 g	油=15 g；甲醇=3.9 g	3 h	60℃	Y=90	未报道	(Kawashima, 2009)
3	活化 CaO	菜籽油	1.5 wt.%	甲醇:油=4:1	2 h	75℃	Y=70	重复使用3次，Y=35%	(Verziu,2011)
4	CaO	大豆油	8 wt.%	甲醇:油=12:1	3 h	65℃	Y=95	重复使用20次，Y≥80%	(Liu,2008)
5	活化 CaO	大豆油	0.49 wt.%	油=40 g；甲醇=17 g	4 h	60℃	C≥98	未报道	(Tang,2013)
6	CaO	葵花油	7 wt.%	甲醇:油=6:1	1 h	65℃	C=100	重复使用20次，无明显失活	(Calero,2014)
7	活化 CaO	大豆油	1.3 wt.%	甲醇:油=9:1	2 h	60℃	Y=82.6	重复使用5次，无明显失活	(Esipovich, 2014)
8	CaO（由鸵鸟蛋壳制备）	棕榈油	8 wt.%	甲醇:油=9:1	1 h	60℃	Y=92.7	重复使用8次，Y≥80%	(Chen,2014)

续表 3-1

序号	催化剂	原料	催化剂用量	醇/油脂摩尔比	反应时间	反应温度	产率 Y 或转化率 C/%	重复使用	参考文献
9	CaO（由废蛤壳制备）	棕榈油	1 wt. %	甲醇:油=9:1	2 h	65℃	Y≈98	重复使用 2 次，Y≈98%	(Asikin-Mijan，2015)
10	CaO（由鲍鱼壳制备）	棕榈油	7 wt. %	甲醇:油=9:1	2.5 h	65℃	Y=96.2	重复使用 5 次，Y=88.5%	(Chen，2016)
11	CaO（由废蛤壳制备）	地沟油	7 wt. %	甲醇:油=12:1	1 h	65℃	Y=96.2	未报道	(Niju，2016)
12	CaO（由鸡粪制备）	地沟油	7.5 wt. %	甲醇:油=15:1	6 h	65℃	Y=90	重复使用 4 次，Y=58.1%	(Maneerung，2016)
13	CaO（由鸡蛋壳制备）	大豆油	4 wt. %	甲醇:油=14:1	3 h	60℃	Y=91	未报道	(Ayodeji，2018)
14	改性 SrO	棕榈油	8 wt. %	甲醇:油=12:1	0.5 h	65℃	C=96.19	重复使用 3 次，C= 82.49%	(Li，2019)
15	纳米 MgO	蓖麻油	6 wt. %	乙醇:油=12:1	1 h	75℃	Y=96.5	重复使用 5 次，Y=80.2%	(Du，2019)

注：wt. %：重量含量百分数；h：小时；min：分钟。

3.1.2 混合碱土金属氧化物

随着研究的深入，研究人员的兴趣从使用单纯的 CaO、MgO 催化剂，转移到 CaO、MgO 与其他氧化物复合制备混合金属氧化物催化剂，如 CaO/Al_2O_3、CaO-CeO_2、CaO/SiO_2、CaO/La_2O_3、TiO_2/MgO 等。Kawashima 等(2008)将 $CaCO_3$ 与不同金属氧化物混合后，在 1050℃ 下煅烧活化，制备得 $CaTiO_3$、$Ca_2Fe_2O_5$、$CaMnO_3$、$CaZrO_3$、CaO-CeO_2 等一系列混合氧化物固体碱，并将其应用于催化菜籽油与甲醇酯交换合成生物柴油。在催化剂用量为 10 wt.%，醇油摩尔比为 6∶1，60℃反应 10 h，脂肪酸甲酯含量达到 90%，均表现出较高的催化酯交换活性。另外，对于混合氧化物固体碱催化剂的稳定性也进行了研究，数据显示 $CaZrO_3$ 和 CaO-CeO_2 催化剂具有较好的稳定性，有进一步工业化的潜力。Zabeti 等(2010)制备了 CaO-Al_2O_3 混合氧化物固体碱，并应用于棕榈油酯交换制备生物柴油。采用响应面法优化影响酯交换反应的各因素。数据显示，最优条件下，生物柴油产率达 98.64%，催化剂重复使用 2 次，产率仍达 91%，经 ICP-MS 技术对反应体系中成分进行分析，结果表明反应过程中活性组分 CaO 没有明显的流失。

Meng 等(2013)采用简单的方法制备了包含 $Ca_{12}Al_{14}O_{33}$ 和 CaO 两种成分的 Ca/Al 复合氧化物，应用于菜籽油酯交换合成生物柴油，系统研究了煅烧温度(120～1000℃)对 Ca/Al 复合氧化物催化剂催化活性的影响。当煅烧温度为 600℃时，Ca/Al 复合氧化物固体碱展示最佳的催化活性(生物柴油产率＞94%)，高的催化活性归因于 Ca/Al 复合氧化物比表面积及晶体结构；特别值得注意的是，由于 $Ca_{12}Al_{14}O_{33}$ 与 CaO 之间的协同效应，新生成的 $Ca_{12}Al_{14}O_{33}$ 晶体结构有效改善了固体碱催化剂的催化活性。Yan 等(2009)合成了 CaO-La_2O_3 混合氧化物固体碱，并应用于酯交换反应中制备生物柴油。研究表明，CaO-La_2O_3 混合氧化物催化活性高于 CaO 或 La_2O_3，在最佳条件下，其生物柴油产率达 94.3%，其优异的活性来源于混合氧化物表面碱性。Rubio-Caballero 等(2009)煅烧锌酸钙制备了 CaO-ZnO 混合氧化物固体碱，并将其用于生物柴油的合成。经研究，当煅烧温度为 400℃时，CaO-ZnO 混合氧化物表现为最佳的活性，最佳酯交换条件下，生物柴油产率高于 90%；另外，在酯交换反应体系中加入 0.2 wt.%的水，反应 3 h 后生物柴油产率仍达 80%，说明该催化剂具有较强的耐水性。Taufiq-Yap 等(2011)制备了一系列不同 Ca/Mg 比例的 CaO/MgO 混合氧化物固体碱，结果显示，当 Mg/Ca 比例为 0.5 时，CaO/MgO 混合氧化物催化非粮油料麻疯树油酯交换制备

生物柴油表现最佳催化活性，生物柴油产率达90%。另外，也研究了CaO/MgO及CaO的重复使用性，结果表明，CaO/MgO的重复使用性较CaO的好，且CaO/MgO催化剂重复使用4次，生物柴油产率仍高于80%，分析说明，CaO与MgO的强相互作用加强了CaO/MgO混合氧化物固体碱的稳定性。Thitsartarn等(2011)采用溶胶-共沉淀法制备了CaO-CeO_2混合氧化物固体碱，并在棕榈油酯交换制备生物柴油中表现出优异的活性(反应2 h后生物柴油产率>90%)，这是由于CaO-CeO_2混合氧化物表面具有强的碱性。有趣的是，该催化剂重复使用18次，活性无明显下降。Dehkordi等(2012)采用共沉淀法制备了不同Ca/Zr比例的CaO-ZrO_2混合氧化物固体碱，研究不同Ca/Zr比例对催化地沟油制备生物柴油活性及稳定性的影响，结果表明，Ca/Zr值为0.5时表现最佳的催化活性，且重复使用10次，生物柴油产率仍达80%。

由于Ti取代镁晶格中的Mg而诱发晶体缺陷，有效改善了催化剂的稳定性，Wen等(2010)采用溶胶-凝胶法制备了TiO_2-MgO混合氧化物固体碱，数据显示，当Ti/Mg值为1且煅烧温度为923 K时，TiO_2-MgO混合氧化物固体碱表现最佳催化地沟油制备生物柴油的活性，且催化剂重复4次，生物柴油产率仍达81.2%。将重复4次的催化剂进行再生处理后催化活性得到恢复，其催化酯交换反应生物柴油产率为93.8%。Chuayplod等(2009)制备了Mg(Al)混合氧化物，并应用于酯交换制备生物柴油，最佳条件下，其生物柴油产率为78%。Mahdavi等(2014)通过共沉淀法制备了Al_2O_3负载CaO-MgO混合氧化物固体碱(CaO-MgO/Al_2O_3)，并应用于棉籽油酯交换制备生物柴油。采用响应面法研究了CaO-MgO负载量、醇油摩尔比、反应温度对生物柴油产率的影响，并得到最优条件。最后，该混合氧化物固体碱的重复使用性也被研究，结果显示，催化剂重复使用4次，催化活性无明显下降。Taufiq-Yap课题组(2014)也采用共沉淀法制备了CaO-La_2O_3混合氧化物固体碱，采用各种表征技术对催化剂进行了表征，数据显示，混合氧化物固体碱存在强的碱性中心及高的碱量。在催化非粮油料麻疯树油制备生物柴油中表现出高的催化活性，且该催化剂重复使用到第二次时，生物柴油产率下降到17.82%，后经洗涤、煅烧处理后，催化活性和第一次催化活性相当。除了CaO、MgO与其他氧化物复合外，Rashtizadeh等(2014)通过共沉淀法制备了Sr-Al混合氧化物纳米固体碱催化剂，经XRD分析，该混合氧化物中形成$Sr_3Al_2O_6$，且存在少部分$SrCO_3$，CO_2-TPD分析表明，Sr-Al混合氧化物存在中强及强碱性位，表明该纳米固体碱具有较强的碱性。将该Sr-Al混合氧化物纳米固

体碱应用于大豆油脂交换制备生物柴油，采用响应面法优化了影响反应的各种因素，实验结果表明，在最优条件下，生物柴油产率为95.7%。另外，Sr-Al混合氧化物纳米固体碱也表现出优异的重复使用性，重复使用4次，生物柴油产率分别为95.7%、91%、83%、78%。

Fan等(2016)以草酸钙和草酸镁为原料，通过煅烧制备得到块状介孔CaO-MgO混合氧化物固体碱。经XRD、SEM、TEM、CO_2-TPD及氮气吸附脱附等技术对催化剂进行表征分析，表明CaO-MgO混合氧化物块状的结构增强了催化剂的耐水性，且具有强的碱性。最佳条件下，CaO-MgO混合氧化物催化大豆油脂交换制备生物柴油，其产率为98.4%，重复使用5次，生物柴油产率仍高于90%。Sudsakorn等(2017)将Sr^{2+}掺杂到CaO/MgO混合氧化物制备得到固体碱催化剂，并用于非粮油料麻疯树油脂交换制备生物柴油。经研究，Sr^{2+}掺杂CaO-MgO后对增强CaO和MgO组分的催化性能起着关键作用，而MgO降低了催化剂颗粒的粒径并改善催化剂稳定性。在催化酯交换反应中，生物柴油产率达99.6%，催化剂重复使用4次，生物柴油产率仍高于90%。Putra等(2018)利用废鸡蛋壳和泥炭黏土为原料，通过物理化学方法制备得到CaO/SiO_2混合氧化物固体碱，并用于催化地沟油制备生物柴油。对比CaO催化剂的催化活性(生物柴油产率达78%)，CaO/SiO_2混合氧化物固体碱表现出高的催化活性(生物柴油产率达91%)。另外，通过对酯交换反应的动力学进行研究，得到指前因子为5.44×10^{8} min^{-1}，活化能为66.27 kJ/mol。Rahman等(2019)利用废鸡蛋壳为原料，制备了Zn掺杂的固体碱Zn-CaO催化剂，并成功应用于桉叶油脂交换制备生物柴油，对制备得到的桉叶生物柴油的性质进行测定，表明产品满足国际ASTM (D6751)生物柴油标准。

最近，SrO与其他氧化物复合制备混合金属氧化物固体碱催化剂也被较多地使用于催化制备生物柴油。Dias等(2012)利用MgO和硝酸锶为原料，制备了SrO/MgO混合金属氧化物固体碱，系统研究了不同Sr/Mg原子比(0.05～0.35)时催化剂的结构与活性。结果表明，Sr/Mg原子比为0.2时，最佳条件下仅需30 min，生物柴油产率高达92%。Lertpanyapornchai等(2015)采用挥发诱导自组装法(evaporation-induced self-assembly，EISA)及以P123为结构模板剂、柠檬酸为络合剂的溶胶-凝胶法(sol-gel combustion，SGC)分别制备介孔Sr-Ti混合金属氧化物。经研究，相比较于挥发诱导自组装法，溶胶-凝胶法合成的Sr-Ti混合金属氧化物(MST-SGC)具有较好结晶大小、结晶度的立方$SrTiO_3$钙钛矿，且拥有较高的比表面积、大孔体积、窄的孔径分布；另外，MST-SGC固体碱催化剂在催化棕

桐仁油与甲醇的酯交换反应中表现出高的催化性能，最优条件下，生物柴油产率能达99.9%，且表征分析表明催化剂中的结晶度高的介孔$SrTiO_3$钙钛矿对反应活性起重要的作用，但该反应所需的反应温度过高，为170℃。在MST-SGC催化剂重复使用的研究中，重复使用第一次时，其生物柴油产率达85.7%，当重复使用到第二次时，活性有所下降，这可能是由于催化剂活性组分转化为了$SrCO_3$，为了活化重复使用过的催化剂，需要对其进行高于1000℃的煅烧。Naor等(2017)采用微波辅助合成了SrO/SiO_2复合固体碱催化材料，并应用于催化*Nannochloropsis*微藻油制备生物柴油，展现高的催化活性，且该复合固体碱催化剂重复使用6次，生物柴油转化率由99.9%下降为97.9%，表明该催化剂稳定性较好。Banerjee等(2019)采用溶胶燃烧法制备了Sr-Ce混合氧化物，经研究，最佳制备Sr-Ce混合氧化物催化剂条件：pH为7.0、Sr-Ce原子比为3∶1、煅烧温度为900℃。最优条件下制备得到的催化剂被用于地沟油脂交换制备生物柴油，其最高生物柴油转化率达99.5%，且生物柴油产品符合国际ASTM标准。Ambat等(2020)设计制备了Sr-Al混合金属氧化物固体碱催化剂，采用FT-IR、XRD、SEM、TEM、BET及XPS等大型仪器对催化剂的结构及表面进行了表征分析，并将其应用于催化猪油和地沟油脂交换合成生物柴油。结果显示，最适反应条件下，催化猪油酯交换制备生物柴油，其产率达99.7%，催化剂重复使用4次，猪油生物柴油产率由99.7%降为95.1%；催化地沟油脂交换制备生物柴油，其产率达99.4%，催化剂重复使用4次，地沟油生物柴油产率由99.4%降为93.7%。最后，对得到的生物柴油产品的性能(如酸值、密度、运动黏度、闪点等)进行测定，数据显示该产品满足国际EN 14214标准。关于碱土金属氧化物基混合金属氧化物固体碱在催化酯交换制备生物柴油中的具体应用见表3-2。由表3-2可以看出，混合碱土金属氧化物表现出比单一碱土金属氧化物高的催化活性，这是由于混合碱土金属氧化物中的氧化物之间具有强的相互作用，有效增加了催化剂的比表面积及催化活性，但经复合的混合碱土金属氧化物催化剂重复使用次数大部分为2～4次，不利于工业化循环使用。因此，未来发展的混合碱土金属氧化物应该着重从提高催化剂的稳定性出发进行研究。

表 3-2 用于酯交换制备生物柴油的碱土金属氧化物基混合金属氧化物固体碱概况

Table 3-2 Production of biodiesel by transesterification using alkaline-based mixed metal oxide catalysts

序号	催化剂	原料	催化剂用量	醇/油脂摩尔比	反应时间	反应温度	产率 Y 或转化率 C/%	重复使用	参考文献
1	$CaO-Al_2O_3$	棕榈油	6 wt. %	甲醇:油=12:1	5 h	65℃	Y=98.64	重复使用 2 次，Y=91%	(Zabeti,2010)
2	$Ca_{12}Al_{14}O_{33}$	菜籽油	7 wt. %	甲醇:油=15:1	3 h	65℃	Y>94	未报道	(Meng,2013)
3	$CaO-La_2O_3$	大豆油	5 wt. %	甲醇:油=20:1	1 h	58℃	Y=94.3	重复使用 3 次，Y=35%	(Yan,2009)
4	CaO-ZnO	葵花油	3 wt. %	甲醇:油=12:1	45 min	60℃	Y>90	未报道	(Rubio-Caballero,2009)
5	CaO/MgO (Mg/Ca=0.5)	麻疯树油	3 wt. %	甲醇:油=25:1	3 h	120℃	Y=90	重复使用 4 次，Y≥80%	(Taufiq-Yap,2011)
6	$CaO-CeO_2$	棕榈油	5 wt. %	甲醇:油=20:1	3 h	85℃	Y=95	重复使用 18 次，Y≥90%	(Thitsartarn,2011)
7	$CaO-ZrO_2$ (Ca/Zr=0.5)	地沟油	10 wt. %	甲醇:油=30:1	2 h	65℃	Y=92.1	重复使用 10 次，Y≥80%	(Molaei,2012)
8	KF/CaO-NiO	废棉籽油	5 wt. %	甲醇:油=15:1	4 h	65℃	Y>99	重复使用 4 次，无明显失活	(Kaur,2014)
9	TiO_2-MgO	地沟油	10 wt. %	甲醇:油=50:1	6 h	160℃	Y=92.3	重复使用 4 次，Y=81.2%	(Wen,2010)
10	LaMgO	棉籽油	5 wt. %	甲醇:油=54:1	25 min	65℃	Y=96	重复使用 4 次，Y=87%	(Mutreja,2014)

续表 3-2

序号	催化剂	原料	催化剂用量	醇/油脂摩尔比	反应时间	反应温度	产率 *Y* 或转化率 *C*/%	重复使用	参考文献
11	Mg(Al)La	米糠油	7.5 wt.%	甲醇:油=30:1	9 h	100℃	*Y*=78	未报道	(Chuayplod, 2009)
12	$CaO\text{-}MgO/Al_2O_3$	棉籽油	12.5 wt.%	乙醇:油=8.5:1	3 h	95℃	*C*=92.45	重复使用4次，无明显失活	(Mahdavi, 2014)
13	$CaO\text{-}La_2O_3$	麻疯树油	4 wt.%	甲醇:油=24:1	6 h	65℃	*Y*=86.51	重复使用2次，Y=17.82%	(Taufiq-Yap, 2014)
14	$Sr_3Al_2O_6$	大豆油	1.3 wt.%	甲醇:油=25:1	61 min	60℃	*Y*=95.7	重复使用4次，Y= 78%	(Rashtizadeh, 2014)
15	$CaO\text{-}La_2O_3$	麻疯树油	3 wt.%	甲醇:油=25:1	3 h	160℃	*Y*=98.76	重复使用5次，Y≥70%	(Lee,2015)
16	$K_2O/CaO\text{-}ZnO$	大豆油	6 wt.%	甲醇:油=15:1	4 h	60℃	*Y*=81.08	未报道	(Istadi,2015)
17	Fe_2O_3/CaO	废煎炸油	1 wt.%	甲醇:油=15:1	3 h	65℃	*Y*>90	重复使用5次，无明显失活	(Ezzah-Mahmudah, 2016)
18	CaO-MgO	大豆油	1 wt.%	甲醇:油=12:1	2 h	70℃	*Y*=98.4	重复使用5次，Y≥90%	(Fan,2016)
19	CaO/Al_2O_3	海藻油	1.56 wt.%	甲醇:油(体积)=32:1	125 min	50℃	*Y*=88.89	未报道	(Narula,2017)
20	$Sr^{2+}\text{-}CaO/MgO$	麻疯树油	5 wt.%	甲醇:油=9:1	2 h	65℃	*Y*=99.6	重复使用4次，Y=91.2%	(Sudsakorn, 2017)

续表 3-2

序号	催化剂	原料	催化剂用量	醇/油脂摩尔比	反应时间	反应温度	产率 Y 或转化率 C/%	重复使用	参考文献
21	$CaO/\gamma\text{-}Al_2O_3$	葵花油	0.5 wt.%	甲醇∶油＝12∶1	5 h	60℃	Y＝94.3	重复使用2次，无明显失活	(Marinković, 2017)
22	CaO/Al_2O_3	地沟油	3 wt.%	甲醇∶油＝12∶1	2 h	65℃	Y＝30.91	未报道	(Shohaimi, 2018)
23	CaO/SiO_2	地沟油	8 wt.%	甲醇∶油＝14∶1	1.5 h	60℃	Y＝91	未报道	(Putra, 2018)
24	Zn-CaO	桉叶油	5 wt.%	甲醇∶油＝6∶1	2.5 h	65℃	Y＝93.8	重复使用5次，Y≥88%	(Rahman, 2019)
25	SrO/MgO	大豆油	5 wt.%	甲醇∶油＝9∶1	3 h	67℃	Y＞94	重复使用3次，活性下降较多	(Dias, 2012)
26	Sr-Ti 混合氧化物	棕榈仁油	10 wt.%	甲醇∶油＝20∶1	3 h	170℃	Y＞99.9	重复使用1次，Y＝85.7%	(Lertpanyapornchai, 2015)
27	SrO/SiO_2	微藻油	0.6 g	1 g 油	微波辅助 2 min	60℃	C＝99.9	重复使用6次，C＝97.9%	(Naor, 2017)
28	Sr-Ce 混合氧化物	地沟油	2 wt.%	甲醇∶油＝14∶1	2 h	65℃	C＝99.5	重复使用6次，C＜60%	(Banerjee, 2019)
29	Sr-Al 混合氧化物	地沟油	0.9 wt.%	甲醇∶油＝5.5∶1	45 min	60℃	Y＝99.4	重复使用4次，Y＝ 93.7%	(Ambat, 2020)

注：wt.%：重量含量百分数；h：小时；min：分钟。

3.2 水滑石类固体碱

水滑石(又称层状双金属氢氧化物,LDHs)是一类阴离子型二维层状化合物。它是由周期性排布的金属((M^{2+},M^{3+})$(OH)_6$)八面体形成带正电荷的主层板,以及阴离子及水分子构成带负电荷的层间通道,LDHs 的化学通式为:$[M^{2+}_{1-x}M^{3+}_x(OH)_2]A^{n-}_{x/n}\cdot mH_2O$,式中 M^{2+} 指二价金属,如 Mg^{2+}、Ca^{2+}、Zn^{2+}、Cu^{2+}、Ni^{2+} 等;M^{3+} 指三价金属离子,如 Al^{3+}、Fe^{3+}、Cr^{3+} 等;A^{n-} 表示层间补偿电荷的阴离子,一般由原料确定,如 OH^-、CO_3^{2-}、Cl^-、NO_3^- 等。另外,其他价态的金属离子如 Li^+、Ti^{4+} 等可以通过掺杂的方式进入 LDHs 的层间通道,层间的阴离子也可以通过离子交换等方式置换,从而增加层间距或实现 LDHs 材料的功能化。在异相催化领域,LDHs 具有以下优点:①LDHs 主层板阳离子种类比例可调,且层间的阴离子可交换,使得 LDHs 具有灵活可调可控组成;②LDHs 特有结构中含有丰富的羟基(布朗斯特型碱),且具有可变的元素组成和空间结构,从而可以高效调控碱性位点的数量和强度;③LDHs 的特有结构可作为催化剂载体;④LDHs 可与其他材料复合形成具有分级结构的复合催化材料,通过材料间协同效应,可有效调控复合材料的催化活性和稳定性。

Silva 等(2010)制备 Mg-Al 水滑石作为催化剂催化大豆油脂交换制备生物柴油,研究了 Al/(Mg+Al)摩尔比为 0.20、0.25、0.33 时 Mg-Al 水滑石的结构和性能。结果表明,Al/(Mg+Al)摩尔比为 0.33 时,在最佳反应条件下,催化大豆油甲酯化的转化率为 90%,但该催化体系需要在高温(230℃)下进行。Gao 等(2010)制备了负载 KF 的 Ca-Al 水滑石固体碱催化剂,结果显示,KF 负载量为 80 wt.%时,在 65℃、反应 5 h 条件下催化棕榈油脂交换制备生物柴油,其生物柴油产率为 97.98%;KF 负载量为 100 wt.%时,在 65℃、反应 3 h 条件下,生物柴油产率达 99.74%。虽然取得了较高的产率,但 KF/Ca-Al 水滑石固体碱中 KF 的负载量过高,可能存在流失现象。Dias 等(2012)制备了 Ce 改性的 Mg-Al 水滑石固体碱催化剂(Mg/Al=3, Ce/Mg<0.1 原子比),575℃煅烧后得到纳米结构,经 XRD 分析归属为方镁石及方铈矿。在催化大豆油酯交换反应中,其生物柴油产率高于 90%。Helwani 等(2013)以 $Mg(NO_3)_2\cdot 6H_2O$ 和 $Al(NO_3)_3\cdot 9H_2O$ 为前驱体(Mg/Al 摩尔比为 3),850℃煅烧条件下制备新型重结晶的 Mg/Al 水滑石催化剂,该水滑石催化剂具有中强碱性及适合的孔洞结构,在催化麻疯树油转化生物柴油中表现出高的催化活性。在反应温度 65℃、甲醇与麻疯树油摩尔比 12∶1、催化剂用量 4 wt.%、反应时间 6 h 时,脂肪酸甲脂转化率最高为 75.2%。Liu 等

(2013)以葡萄糖作为改性剂制备改性 Mg/Al 水滑石固体碱催化剂，并用于催化甘油三酸酯与甲醇制备生物柴油。研究发现：不同的合成体系合成的 Mg/Al 混合氧化物具有不同的结构特点，水滑石结晶过程中葡萄糖作为介孔模板剂转变为无定型碳。结果表明，不同的合成体系制备的 Mg/Al 混合氧化物固体碱在孔隙结构、比表面积、碱强度等方面得到了改善，从而提高了酯交换的转化率。另外，改性后的水滑石在 550℃下煅烧 3 h 转变为均匀介孔的 Mg/Al 混合氧化物，其催化效果较好。Sun 等(2014)制备了负载 K_2CO_3 的 Al-Ca 水滑石固体碱催化剂，经 XRD 分析表明该固体碱催化剂中的 K_2CO_3 分解为 K_2O，且形成了 Al-O-K 化合物，有效地改善了催化活性。研究结果表明，煅烧温度为 650℃、负载量为 25%的 K_2CO_3/Al-Ca 水滑石固体碱活性最佳，在催化大豆油的酯交换反应中，生物柴油产率为 95.1%，催化剂重复使用 4 次，生物柴油产率仍达 87.4%，催化活性的下降主要是由于反应过程中钾的流失。

Xu 等(2015)通过原位合成法将 Ca-Mg-Al 水滑石 (HT)负载到无机陶瓷膜(CM)上，随后通过浸渍法将 KF 负载于上述材料，制备了 KF/HT/CM 复合固体碱催化剂。结果表明，KF 负载量为 92.1%的 KF/HT/CM 复合固体碱在催化棕榈油与甲醇的酯交换反应中表现出优异的催化性能，最佳酯交换产率为 96%，重复使用 2 次，其产率能达 79.8%。Guzmán-Vargas 等(2015)通过共沉淀法及浸渍法制备了 Ca-Mg-Al 水滑石负载的 KF 固体碱催化剂，经表征分析，KF/MgCaAl 固体碱具有介孔结构，且催化活性与 KF 和 Mg/Ca 投料比例有关。当 Mg/Ca 投料比例为 1、KF 负载量为 30%时，KF/MgCaAl 固体碱在麻疯树油脂交换反应中表现较高的活性，其转化率达 90%，表明 KF 负载量较低时能得到活性较高的催化剂，较其他 KF 负载的固体碱催化剂具有明显的优势。Wang 等(2015)通过共沉淀法和 $Ca(OH)_2$ 溶液水热活化制备了活化的 Mg-Al 水滑石纳米固体碱(HT-Ca，颗粒大小<45 nm)催化剂，经各种表征手段分析，纳米 HT-Ca 催化剂形成了 $Mg_4Al_2(OH)_{14}\cdot 3H_2O$、$Mg_2Al(OH)_7$、AlO(OH)纳米晶体，存在酸性位点和碱性位点，能有效地催化高酸值麻疯树油(酸值：6.3 mg KOH/g)制备生物柴油。在最佳反应条件下，生物柴油产率为 93.4%，催化剂重复使用 4 次，其产率仍高于 86%。Ma 等(2016)使用煅烧后的 Mg-Al 水滑石作为固体碱催化剂催化地沟油制备生物柴油，经研究，500℃煅烧后的 Mg/Al 水滑石具有均匀的介孔结构、较好的结晶度、高的比表面积($270.5\ m^2/g$)、高的催化活性(生物柴油产率达 95.2%)，该催化剂重复使用 7 次，生物柴油产率仍达 80%。Nowicki 等(2016)制备了 Zr^{4+} 掺杂的 Mg-Al 水滑石，系统研究了不同 Zr/Mg 摩尔比对催化剂结构与性能的影响。结果表明，Zr^{4+} 掺杂的 Mg-Al 水滑石较好地增强了催化剂的活性，

当 Zr∶Mg∶Al 摩尔比为0.45∶2.55∶1.00 时，催化菜籽油转化为生物柴油的转化率高达 99.9%。Anuar 等(2016)使用 Mg/Al 水滑石作为固体碱催化剂，联合超声波催化地沟油转化生物柴油。结果显示，引入超声波后，仅需 60 min，生物柴油产率就达 76.45%，而传统的搅拌反应需搅拌 300 min，生物柴油产率才达 70.67%，表明超声波的使用有效缩短了反应时间。

Navajas 等(2018)使用水化的 Mg/Al 水滑石作为固体碱催化剂，并应用于葵花油酯交换制备生物柴油。对高摩尔比的水化 Mg/Al 水滑石进行表征分析表明，该催化剂具有较低的表面积、清晰的片状晶体结构、高碱度及强碱性位。在反应温度为 60℃、醇油摩尔比为 12∶1，催化剂用量为 2～6 wt.%时，反应 8 h，生物柴油的转化率能达 51%～75%；当醇油摩尔比为 48∶1，催化剂用量为 2 wt.%时，反应 24 h 生物柴油产率达 92%，但投入的甲醇量较多且反应时间较长，会增加生物柴油生产成本。Hernández 等(2018)制备了层状的 ZnCuAl 水滑石，并应用于 *Simarouba Glauca* DC 油脂交换制备生物柴油。数据显示，层状 ZnCuAl 水滑石固体碱呈现中强碱性位，在酯交换反应中表现较高的催化活性，且重复使用 3 次，生物柴油产率为 88.3%，较第一次生物柴油产率仅下降了 6%。经对反应前后的催化剂进行表征分析，催化活性的下降是由于层状 ZnCuAl 水滑石中少部分 Cu 流失于反应体系中。Reyna-Villanueva 等(2019)采用共沉淀法制备了 Mg/Al 水滑石，探讨了 Mg/Al 摩尔比、沉淀剂(Na_2CO_3、NH_3)、煅烧温度对 Mg/Al 水滑石结构与性能的影响。结果表明，Mg/Al 摩尔比为 0.59、Na_2CO_3 为沉淀剂、煅烧温度为 450℃时，得到的 Mg/Al 水滑石催化剂催化活性最好，在最适条件下，葵花油转化为生物柴油的转化率为 98.59%。Coral 等(2019)采用微波辅助水热法合成了 Mg/Al 水滑石，并用于大豆油脂交换制备生物柴油。研究结果表明，微波辅助下 110℃水热处理 300 min 得到的改性 Mg/Al 水滑石催化活性最佳，其生物柴油产率能达 95.6%。Lima-Correa 等(2020)采用各种碱金属(K、Ba、Sr、La)改性 MgAl 水滑石，结果显示，Ba 改性的 MgAl 水滑石在大豆油脂交换制备生物柴油中展现高的催化活性。Dahdah 等(2020)采用共沉淀法和浸渍法制备了 Ca-Mg-Al 水滑石固体碱催化剂，结果显示，未煅烧过的 Mg_4Al_2 前驱体负载 40 wt.%钙后 600℃煅烧得到最佳催化剂 Ca600/Mg_4Al_2 HT，将 Ca600/Mg_4Al_2 HT 催化剂应用于葵花油酯交换制备生物柴油，最佳条件下，生物柴油产率能达 95%。关于水滑石类固体碱在催化酯交换制备生物柴油中的具体应用见表 3-3。由表 3-3 可以看出，水滑石类固体碱均展现较好的催化活性，但也存在一些不足，如反应时间较长，需要的反应温度较高，催化剂重复使用次数较少等。因此，未来开发水滑石类固体碱应从水滑石的特定结构出发，通过改变结构、掺杂各种活性组分、与其他活性组分或载体复合等方式，提高水滑石类固体碱催化剂在温和反应条件下的催化活性，特别是其稳定性。

表 3-3 用于酯交换制备生物柴油的水滑石类固体碱概况

Table 3-3 Production of biodiesel by transesterification using hydrotalcite-based catalysts

序号	催化剂	原料	催化剂用量	醇/油脂摩尔比	反应时间	反应温度	产率 Y 或转化率 C/%	重复使用	参考文献
1	Mg-Al 水滑石	大豆油	5 wt. %	甲醇∶油＝13∶1	1 h	230℃	C=64	重复使用 3 次，C=91%	(Silva,2010)
2	KF/Ca-Al 水滑石	棕榈油	5 wt. %	甲醇∶油＝12∶1	5 h	65℃	Y=97.98	重复使用 1 次，Y=95%	(Gao,2010)
3	MgAl 水滑石	大豆油	2.5 wt. %	甲醇∶油＝12∶1	4 h	65℃	Y=97.1	重复使用 3 次，Y=34.7%	(Gomes,2011)
4	Ce/Mg-Al 水滑石	大豆油	5 wt. %	甲醇∶油＝9∶1	3 h	67℃	Y>90	未报道	(Dias,2012)
5	Mg/Al 水滑石	葵花油	2 wt. %	甲醇∶油＝48∶1	10 h	60℃	C=62～77	未报道	(Reyero,2013)
6	再结晶 Mg/Al 水滑石	麻疯树油	4 wt. %	甲醇∶油＝12∶1	6 h	65℃	C=75.2	未报道	(Helwani,2013)
7	改性 Mg/Al 水滑石	三丁酸甘油酯	0.05 g	甲醇∶甘油酯＝92∶1	7 h	60℃	Y=24.8	重复使用 3 次，Y=19.6%	(Liu,2013)
8	K_2CO_3/Al-Ca 水滑石	大豆油	2 wt. %	甲醇∶油＝13∶1	2 h	65℃	Y=95.1	重复使用 4 次，Y=87.4%	(Sun,2014)

续表 3-3

序号	催化剂	原料	催化剂用量	醇/油脂摩尔比	反应时间	反应温度	产率 Y 或转化率 C/%	重复使用	参考文献
9	钠硝石/Mg-Al 水滑石	菜籽油	5 wt. %	甲醇∶油＝12∶1	6 h	甲醇回流温度	C＝91	未报道	(Córdova,2014)
10	KF/Ca-Mg-Al 水滑石/陶瓷	棕榈油	5 wt. %	甲醇∶油＝12∶1	3 h	65℃	Y＝96.0	重复使用 2 次，Y＝79.8%	(Xu,2015)
11	KF/MgCaAl 水滑石	麻疯树油	3.6 wt. %	甲醇∶油＝6∶1	4 h	60℃	C＝90	未报道	(Guzmán-Vargas,2015)
12	活化 Mg-Al 水滑石	麻疯树油	5 wt. %	甲醇∶油＝30∶1	4 h	160℃	Y＝93.4	重复使用 2 次，Y>86%	(Wang,2015)
13	Mg/Al 水滑石	地沟油	1.5 wt. %	甲醇∶油＝6∶1	2.5 h	80℃	Y＝95.2	重复使用 7 次，Y>80%	(Ma,2016)
14	Zr/Mg-Al 水滑石	菜籽油	8 wt. %	甲醇∶油＝12∶1	6 h	100℃	C＝99.9	重复使用 3 次，C＝54.2%	(Nowicki,2016)
15	Mg/Al 水滑石	地沟油	0.08 g	甲醇∶油＝15∶1	1 h	57℃	Y＝76.45	重复使用 3 次，C＝72.43%	(Anuar,2016)
16	KF/HT (Sorbacite®)水滑石	麻疯树油	10 wt. %	甲醇∶油＝30∶1	3 h	微波条件下	Y＝86.99	重复使用 1 次，活性有所下降	(Fatimaha,2018)
17	水化 Mg-Al 水滑石	葵花油	2 wt. %	甲醇∶油＝48∶1	24 h	60℃	Y＝92	重复使用 1 次，无明显失活	(Navajas,2018)

续表 3-3

序号	催化剂	原料	催化剂用量	醇/油脂摩尔比	反应时间	反应温度	产率 Y 或转化率 C/%	重复使用	参考文献
18	ZnCuAl 水滑石	*Simarouba Glauca* DC 油	1.25 wt.%	甲醇:油=12:1	5 h	160℃	Y=94.8	重复使用 3 次，Y=88.3%	(Hernández, 2018)
19	Mg/Al 水滑石	葵花油	3.5 wt.%	甲醇:油=23:1	1 h	65℃	C=98.59	未报道	(Reyna-Villanueva, 2019)
20	改性 Mg/Al 水滑石	大豆油	5 wt.%	甲醇:油=12:1	1 h	180℃	Y=93.1	未报道	(Coral,2019)
21	Ba-MgAl 水滑石	大豆油	4 wt.%	乙醇:油=6:1	8 h	70℃	C≈72	重复使用 3 次，无明显失活	(Lima-Correa, 2020)
22	Ca-Mg-Al 水滑石	葵花油	2.5 wt.%	甲醇:油=15:1	6 h	60℃	C=95	未报道	(Dahdah,2020)
23	K^+/MgAl 水滑石	菜籽油	2 wt.%	甲醇:油=12:1	1 h	60℃	Y=99	未报道	(Zhang,2019)

注:wt.%:重量含量百分数;h:小时;min:分钟。

3.3 碱金属、碱土金属负载型催化剂

碱金属、碱土金属负载型固体碱催化剂的载体一般选择 Al_2O_3、TiO_2、SiO_2、ZnO、ZrO_2、膨润土、煤渣等，将碱金属、碱土金属（Li、Na、K、Ca、Mg、Sr 等）溶液浸渍到载体的表面，经过干燥、煅烧等过程得到碱金属负载型固体碱。Kim 等（2004）以 γ-Al_2O_3 为催化剂载体，制备了 Na/NaOH/γ-Al_2O_3 负载型固体碱催化剂，并用于大豆油脂交换反应合成生物柴油。对 Na/NaOH/γ-Al_2O_3 进行表征分析表明该催化剂具有较强的碱性，在最佳酯交换反应条件下，生物柴油产率为 94%。Xie 等（2006a）将 KI 负载于 Al_2O_3 上，制备了 KI/Al_2O_3 负载型固体碱催化剂，研究了不同 KI 负载量对负载型固体碱结构与性能的影响。结果表明，KI 负载量为 35%，且 500℃煅烧 3 h 后得到的 KI/Al_2O_3 催化剂活性最高，酯交换反应 8 h 后，生物柴油转化率能达 96.3%，但该研究中酯交换反应所需反应时间过长，且没有报道催化剂的重复使用性。该课题组（Xie，2006b）也制备了 KNO_3/Al_2O_3 负载型固体碱催化剂，当 KNO_3 负载量为 35%、500℃煅烧 5 h 得到的催化剂活性最佳。在催化大豆油脂交换制备生物柴油的反应中，生物柴油转化率为 87%。通过对 KNO_3/Al_2O_3 催化剂进行表征发现，KNO_3/Al_2O_3 催化剂的催化活性主要来自催化剂表面存在的 K_2O 和 Al-O-K 两种活性物质。Arzamendi 等（2007）制备了 NaOH/γ-Al_2O_3 固体碱催化剂，并用于催化葵花油与甲醇的酯交换反应，与 NaOH 的催化活性相比，NaOH/γ-Al_2O_3 固体碱展现出优异的催化活性。Yang 等（2007）以 ZnO 为载体，负载活性组分 $Sr(NO_3)_2$ 制备了 $Sr(NO_3)_2$/ZnO 负载型固体碱催化剂，当使用的 $Sr(NO_3)_2$ 浓度为 2.5 mmol/g、催化剂前驱体活化温度为 600℃、活化时间 5 h 时，得到的负载型固体碱活性最高，在酯交换合成生物柴油的反应中，生物柴油最大转化率为 94.7%，当反应中加入共溶剂四氢呋喃时，生物柴油转化率为 96.8%。反应后催化剂经回收、洗涤、干燥后用于下一次反应，其生物柴油转化率仅为 15.4%，催化剂失活严重，经表征，反应前后 $Sr(NO_3)_2$/ZnO 的碱量从 10.32 mmol/g 下降为 6.79mmol/g；为此，作者将回收的催化剂用 $Sr(NO_3)_2$ 溶液浸渍再生后再次用于催化酯交换反应，其生物柴油转化率达 91.2%。Vyas 等（2009）也将 KNO_3 负载于 Al_2O_3 上制备了负载型固体碱催化剂，并用于催化麻疯树油制备生物柴油。KNO_3/Al_2O_3 催化剂最优制备条件为 KNO_3 负载量为 35%、500℃煅烧 4 h；在最佳酯交换反应条件下，生物柴油产率为 84%。该作者通过酯

交换反应的动力学研究发现，反应的活化能为 26.957 kJ/mol。

Lukić 等(2009)以 Al_2O_3 和 SiO_2 为载体，采用凝胶法将 K_2CO_3 负载于载体上，制备了 K_2CO_3/Al-O-S 负载型固体碱催化剂。经研究，当 Al/Si 比为 3∶1、K_2CO_3 负载量为 45%、活化温度为 600℃时 K_2CO_3/Al-O-S 催化剂活性最好，在催化葵花油酯交换制备生物柴油中，其产率为 97.7%；催化剂重复使用 2 次后，生物柴油产率降为 25.4%，经验证，在重复使用反应中，催化剂中的 K 流失于反应体系中，表明 K_2CO_3/Al-O-S 负载型固体碱催化剂的活性来源于非均相和均相两种反应形式。Kotwal 等(2009)以废料飞灰为原料载体，将 5% 的 KNO_3 负载于废飞灰上并于 500℃煅烧得到 KNO_3/废飞灰负载型固体碱催化剂，在催化葵花油酯交换制备生物柴油的反应中，醇油摩尔比为 15∶1、催化剂用量 15 wt. %、反应温度 170℃条件下反应 8 h，生物柴油转化率为 87.5%，催化剂经回收后再次催化反应，其生物柴油产率下降为 38.1%。从该研究可以看出，KNO_3/废飞灰催化剂催化反应时，所需的反应温度过高、时间过长，且催化剂稳定性较差。Benjapornkulaphong 等(2009)在煅烧温度为 450～550℃ 时，制备了 $LiNO_3/Al_2O_3$、$NaNO_3/Al_2O_3$、KNO_3/Al_2O_3、$Mg(NO_3)_2/Al_2O_3$、$Ca(NO_3)_2/Al_2O_3$ 等一系列碱金属、碱土金属硝酸盐负载型固体碱催化剂，经研究，$Ca(NO_3)_2/Al_2O_3$ 展现较好的催化活性，在醇油摩尔比为 65∶1、催化剂用量 10 wt. %(催化棕榈仁油)或 15～20 wt. %(催化椰子油)、反应温度 60℃条件下反应 3 h，$Ca(NO_3)_2/Al_2O_3$ 催化棕榈仁油和椰子油酯交换制备生物柴油，其生物柴油产率均高于 90%。

Soetaredjo 等(2011)将 KOH 负载于膨润土上制备负载型固体碱催化剂，研究不同 KOH/膨润土比(1∶20、1∶10、1∶5、1∶4、1∶3、1∶2)的结构与性能。实验结果表明，KOH/膨润土比为 1∶4时，催化剂活性最佳，在最佳条件下催化棕榈油酯交换制备生物柴油，其产率为(90.70±2.47)%，催化剂重复使用 3 次，生物柴油产率仍高于 80%。Yang 等(2011)采用原位聚合法制备聚丙烯酸钠，并将 NaOH 负载于聚丙烯酸钠，制备了 NaOH/NaPAA 负载型固体碱催化剂，该催化剂具有良好的吸水性和保水性能，在甲醇、甘油等溶剂中溶胀能力小，且具有较强的碱强度($15.0 < H_- < 18.4$)。在催化橡胶籽油脂交换制备生物柴油的反应中，表现出与液体碱 NaOH 相当的催化活性，且反应体系中含有一定的水(<2 wt. %)，仍能得到较好的生物柴油产率。Salinas 等(2012)采用氢化处理过的 TiO_2 为载体(TiHT)，将 K 负载于载体上，700℃煅烧得到了 K/TiHT 固体碱催化剂，在催化菜籽油的酯交换反应中表现高的催化活性，催化剂稳定性实验表明，催化剂在重复使用 4 次后，生物柴油产率仍达 81%±6%。Manríquez-Ramírez 等(2013)采用浸

渍法制备 MgO-KOH、MgO-NaOH、MgO-CeO_2 3 种固体碱催化剂，SEM 表征分析表明 3 种催化剂均形成了 MgO 纳米针；FTIR-CO_2表征分析得到 3 种催化剂的碱性强度为：MgO-KOH ＞ MgO-NaOH ＞ MgO-CeO_2。MgO、MgO-CeO_2 MgO-NaOH、MgO-KOH 固体碱催化剂在催化地沟油脂交换制备生物柴油的反应中，反应 1 h 后，生物柴油产率分别为 44％、56％、78％、100％。Volli 等(2015)采用废飞灰为原料制备分子筛催化材料，在飞灰与氢氧化钠比为 1∶1.2、融合温度为 550℃下反应 1 h 后，水热温度 110℃的条件下继续水热 12 h，制备了钾与分子筛进行离子交换后的固体碱催化材料，并将其用于催化芥子油脂交换合成生物柴油，最佳反应条件下，芥子油转化率为 84.6％。催化剂重复使用 3 次，芥子油的转化率由 82.8％ 下降为 78.1％，这是由于随着酯交换反应过程的持续进行，催化剂的活性组分会有流失，使固体碱催化剂的重复使用性有所降低。Nasreen 等(2015)以煤渣为原料，采用湿浸渍法将 Sr 掺杂煤渣制备了固体碱催化剂，经研究得到的最佳催化剂制备条件为，使用 20 g 2～5 mm 颗粒大小的煤渣、0.2 mol/L $SrCl_2$溶液、1000℃ 煅烧 4 h。在用于大豆油制备生物柴油的酯交换反应中，最佳条件下，大豆油转化率为 99.0％、生物柴油产率为 97.1％；该催化剂重复使用 14 次，生物柴油产率仍高于 80％；各种表征手段分析表明，Sr/煤渣催化剂的活性来源于催化剂制备过程中形成了 $SrAl_2Si_2O_8$ 和 $Sr_5Al_8O_{17}$ 复合物，而重复使用后活性降低是由于 Sr-Al 复合物与甘油作用形成了 Sr-Al-甘油酯。Ballotin 等(2016)制备了 K_2MgSiO_4 催化剂，并用于催化大豆油脂交换制备生物柴油，其生物柴油转化率可高达 95％以上，重复使用 3 次后其转化率仅下降了 21％。Hadiyanto 等(2017)利用废蚌壳为原始原料，900℃ 煅烧 3 h 得到 CaO 样品，随后采用浸渍法制备了 C/CaO/NaOH 固体碱催化剂，在棕榈油脂交换制备生物柴油的反应中，生物柴油产率达 95.12％，展现高的活性，但对该催化剂的重复使用性并没有报道。Alsharifi 等(2017)报道了一系列不同 Li 负载量的 Li/TiO_2固体碱催化剂，催化剂制备过程中 Li 负载量为 30％、600℃煅烧下生成了 Li_2TiO_4，使得得到的 Li/TiO_2固体碱活性最佳；在催化菜籽油制备生物柴油的反应中，其生物柴油产率能达 98％，又将该催化剂用于催化地沟油制备生物柴油，产率能达 91.73，但 Li/TiO_2催化剂在重复使用过程中活性下降较快，经分析这是由于 Li^+ 在反应过程中的流失及催化剂的表面吸附了有机物(如三甘油酯、甘油等)。

Abukhadra 等(2018)利用氢氧化钾改性高岭石、300℃煅烧下得到 K^+ 改性的高岭石(高岭石/K^+)，在催化地沟油制备生物柴油的反应中，生物柴油最高可达 94.76％。高岭石/K^+ 催化剂经回收后分别用去离子水、甲醇、丙酮洗涤后，应用下

一次反应，结果表明，用去离子水洗涤的催化剂，经5次使用生物柴油产率为76.77%；用甲醇洗涤的催化剂，经5次使用生物柴油产率为83.33%；用丙酮洗涤的催化剂，经5次使用生物柴油产率为80.66%；最后作者对得到的生物柴油产品的性能进行测定，数据显示各项指标满足国际ASTM D-6571和EN 14214标准。Supamathanon等(2019)将K负载于丝光沸石上，合成了一系列不同K负载量的固体碱催化剂(K/MOR)，结果表明，随着K负载量的增加，催化剂的碱性增强；在催化大豆油制备生物柴油反应中，最大生物柴油产率为97.22%。Benedictto等(2019)使用50 wt.% KOH改性介孔$MgCO_3$，并于800℃煅烧得到K^+/MgO固体碱催化剂。研究表明，介孔$MgCO_3$没有催化活性，当介孔$MgCO_3$经煅烧分解得到MgO时，催化葵花油酯交换反应15 h，其转化率仅为45%；当K掺杂介孔$MgCO_3$并经煅烧后展示高的催化活性，仅需30 min，葵花油的转化率就达98%，且催化剂回收后用于下一次反应，在反应120 min时，其转化率达50%。Silveira Junior等(2019)制备了$K_2CO_3/\gamma\text{-}Al_2O_3$负载型固体碱催化剂，$K_2CO_3$负载量为35%的催化剂活性最佳，最高生物柴油转化率为99.3%。Kazemifard等(2019)制备了磁性$KOH/Fe_2O_3\text{-}Al_2O_3$纳米固体碱催化剂，各种表征结果表明，磁性$KOH/Fe_2O_3\text{-}Al_2O_3$纳米催化剂具有核-壳结构、合适的比表面积、孔径和颗粒大小，且结构上无杂质。将磁性纳米催化剂用于催化海藻油制备生物柴油展现高的催化活性，且该催化剂从第一次重复使用到第6次，其生物柴油产率由95.6%降为85.6%，产率仅下降了10%，表明合成的磁性$KOH/Fe_2O_3\text{-}Al_2O_3$纳米催化剂具有较好的稳定性。Li等(2019)采用水热法和微乳液辅助共沉淀法处理粉煤灰制备得到NaY沸石，并将Li_2CO_3负载于NaY沸石。研究表明，Li_2CO_3与NaY沸石摩尔比为1:1、750℃煅烧4 h得到的催化剂在催化菜籽油酯交换制备生物柴油反应中活性最佳，最高生物柴油产率达98.6%；通过对酯交换反应进行了动力学分析，反应的活化能为57.37 kJ/mol。关于碱金属、碱土金属负载型固体碱在催化酯交换制备生物柴油中的具体应用见表3-4。由表3-4可以看出，制备的负载型固体碱由于载体的引入，催化剂的比表面积得到提高，催化活性得到了较好的改善，但部分负载型催化剂催化反应条件苛刻(反应时间长、反应温度高)，且投入短链醇的量多，这不仅增加了原料成本也增加了分离成本；另外，大部分碱金属、碱土金属负载型固体碱的重复使用性均在3～5次，催化活性失活较为严重。因此，未来碱金属、碱土金属负载型固体碱应从设计制备合适的载体、增强活性组分与载体间相互作用等方面出发，开发高稳定性、高活性的负载型固体碱催化剂。

表 3-4 用于酯交换制备生物柴油的碱金属、碱土金属负载型固体碱概况

Table 3-4 Production of biodiesel by transesterification using alkali and alkali earth supported catalysts

序号	催化剂	原料	催化剂用量	醇/油脂摩尔比	反应时间	反应温度	产率 Y 或转化率 C/%	重复使用	参考文献
1	Na/NaOH/γ-Al_2O_3	大豆油	1 g	甲醇:油=9:1	2 h	60℃	Y=94	未报道	(Kim,2004)
2	KI/Al_2O_3	大豆油	5 wt. %	甲醇:油=15:1	8 h	65℃	C=96.3	未报道	(Xie,2006a)
3	KNO_3/Al_2O_3	大豆油	6.5 wt. %	甲醇:油=15:1	7 h	65℃	C=87	未报道	(Xie,2006b)
4	NaOH/γ-Al_2O_3	葵花油	0.4 g	甲醇:油=24:1	4 h	50℃	C≈100	未报道	(Arzamendi, 2007)
5	$Sr(NO_3)_2/ZnO$	大豆油	5 wt. %	甲醇:油=12:1	5 h	65C	C=94.7	重复使用1次，C=15.4%	(Yang,2007)
6	KNO_3/Al_2O_3	麻疯树油	6 wt. %	甲醇:油=12:1	6 h	70℃	C=84	重复使用3次，C=72%	(Vyas,2009)
7	K_2CO_3/Al-O-Si	葵花油	2 wt. %	甲醇:油=30:1	2 h	120℃	Y=97.7	重复使用2次，Y=25.4%	(Lukić,2009)
8	KNO_3/废飞灰	葵花油	15 wt. %	甲醇:油=15:1	8 h	170℃	C=87.5	重复使用1次，C=38.1%	(Kotwal,2009)
9	$Ca(NO_3)_2/Al_2O_3$	椰子油	15～20 wt. %	甲醇:油=65:1	3 h	60℃	Y≈100	未报道	(Benjapornkulaphong,2009)

续表 3-4

序号	催化剂	原料	催化剂用量	醇/油脂摩尔比	反应时间	反应温度	产率 Y 或转化率 C/%	重复使用	参考文献
10	KOH/膨润土	棕榈油	3 wt.%	甲醇:油=6:1	3 h	60℃	Y=90.7	重复使用 3 次，C>80%	（Soetaredjo，2011）
11	NaOH/NaPAA	橡胶籽油	3 wt.%	甲醇:油=6:1	1 h	60℃	Y=96±1	重复使用 3 次，Y=48±2%	（Yang，2011）
12	K/TiHT	菜籽油	6 wt.%	甲醇:油=54:1	3 h	55℃	Y≈80	重复使用 4 次，Y=81±6	（Salinas，2012）
13	MgO-KOH	棕榈油	1 g	甲醇:油=4:1	1 h	60℃	Y=100	重复使用 3 次，Y=74%	（Manríquez-Ramírez，2013）
14	NaOH/废飞灰	芥子油	5 wt.%	甲醇:油=12:1	7 h	65℃	C=84.6	重复使用 3 次，C=78.1%	（Volli，2015）
15	Sr/煤渣	大豆油	4 wt.%	甲醇:油=24:1	1 h	180℃	Y=97.1	重复使用 14 次，Y>80%	（Nasreen，2015）
16	K_2MgSiO_4	大豆油	10 wt.%	甲醇:油=12:1	2 h	60℃	Y>95	重复使用 3 次，活性下降 21%	（Ballotin，2016）
17	C/CaO/NaOH	棕榈油	7.5 wt.%	甲醇:油=0.5:1	3 h	65℃	Y=95.12	未报道	（Hadiyanto，2017）
18	Li/TiO_2	菜籽油	5 wt.%	甲醇:油=24:1	3 h	55℃	Y=98	重复使用 4 次，活性流失严重	（Alsharifi，2017）
19	$Ca(OH)_2$/AC	酸化油	100～200 mg	甲醇:油=6:1	1 h	75℃	Y>90	未报道	（do Nascimento Pereira，2018）

续表 3-4

序号	催化剂	原料	催化剂用量	醇/油脂摩尔比	反应时间	反应温度	产率 Y 或转化率 C/%	重复使用	参考文献
20	高岭石/K^+	地沟油	15 wt.%	甲醇:油=14:1	3 h	70℃	Y=94.76	重复使用5次，Y=76.77%	(Abukhadra，2018)
21	K/丝光沸石	大豆油	5 wt.%	甲醇:油=18:1	3 h	70℃	Y=97.22	未报道	(Supamathanon，2019)
22	K^+/MgO	葵花油	3 wt.%	甲醇:油=3:10	30 min	65℃	C=98	重复使用1次，C=50%	(Benedictto，2019)
23	K_2CO_3/γ-Al_2O_3	葵花油	5 wt.%	乙醇:油=12:1	4 h	80℃	C=99.3	未报道	(Silveira Junior，2019)
24	KOH/$Ca_{12}Al_{14}O_{33}$-C	菜籽油	4 wt.%	甲醇:油=15:1	微波 30 min	55℃	Y=98.9	重复使用3次，Y=96.1%	(Nayebzadeh，2019)
25	K/Fe_2O_3-Al_2O_3	海藻油	4 wt.%	甲醇与海藻干重 12 mL/g	4 h	65℃	Y=95.6	重复使用6次，Y=85.6%	(Kazemifard，2019)
26	Li/NaY 沸石	菜籽油	3 wt.%	乙醇:油=18:1	2 h	75℃	Y=98.6	重复使用5次，Y>80%	(Li，2019)
27	Na^+/K^+/沸石	棕榈油	5 wt.%	甲醇:油=20:1	3 h	100℃	Y=94	重复使用5次，Y=79.3%	(Abukhadra，2019a)
28	Na^+/膨润土/沸石-P	棕榈油	5 wt.%	甲醇:油=20:1	210 min	90℃	Y=96.2	重复使用8次，Y=62%	(Abukhadra，2019b)

注：wt.%：重量含量百分数；h：小时；min：分钟。

3.4 阴离子交换树脂

阴离子交换树脂由于含有—OH 基团，在催化油脂和甲醇的酯交换反应中表现出较好的催化活性。然而，随着酯交换反应的持续进行，树脂上的—OH 基团会与油脂中的羧酸基团发生交换而使树脂失活，但失活的阴离子交换树脂可通过再生还原处理后继续重复使用在酯交换反应中。Shibasaki-Kitakawa 等(2007)研究了一种阳离子交换树脂 PK208、3 种阴离子交换树脂 PA308、PA306、PA306s 对酯交换反应的影响，实验结果发现，PK208 阳离子交换树脂在三油酰甘油酯的酯交换反应中几乎无催化活性；然而，3 种阴离子交换树脂 PA308、PA306、PA306s 在三油酰甘油酯的酯交换反应中均展现较好的活性，且 PA306s 树脂的催化活性最佳，且使用过的树脂可通过再生处理继续催化酯交换反应。另外，该课题组又将阴离子交换树脂 PA306s 应用于甘油三酸酯与甲醇的酯交换反应制备生物柴油，表现出高的生物柴油产率，PA306s 树脂经再生处理后，重复 4 次后，催化活性几乎没有变化，生物柴油达 93.0%。经对制备得到的生物柴油性能测定，表明该产品满足欧洲 EN14214 标准和北美 ASTM D6751 标准(Shibasaki-Kitakawa, 2011)。Long 等(2011)设计采用 N-甲基咪唑功能化含 NaOH 的阴离子交换树脂(R^+-OH^-)，经研究，N-甲基咪唑、羟基、NaOH 能被阴离子交换树脂(R^+-OH^-)吸收并形成 R^+-OH^-(Na)，改善了树脂的催化活性，最佳条件下，生物柴油转化率为 97.25%，经对 R^+-OH^-(Na)树脂进行再生处理，重复使用 5 次，活性几乎无明显下降。Ren 等(2012)使用 D261 型阴离子交换树脂作为催化剂，在固定床内催化大豆油与甲醇酯交换反应合成生物柴油，在反应温度为 50℃，甲醇与大豆油摩尔比 9∶1，酯交换反应助剂正己烷与大豆油油重比为 0.5，停留时间为 56 min，大豆油、助溶剂、甲醇混合物的流动速度为 1.2 mL/min 的条件下，生物柴油转化率为 95.2%，且连续反应 4 h 后，生物柴油转化率仍保持在 90%以上，再继续反应 4 h，生物柴油转化率下降较快，为 23.7%，说明树脂在长时间反应过程中有所失活。但可对失活的阴离子交换树脂进行原位再生，且反应过程中树脂可以吸附酯交换反应生成的副产物甘油，能有效地避免甘油与生物柴油产品的分离过程。关于阴离子交换树脂固体碱在催化酯交换制备生物柴油中的具体应用见表 3-5。由表 3-5 可知，虽然阴离子交换树脂在生物柴油制备过程中表现出好的催化活性，但所需的反应时间过长，且使用过的阴离子交换树脂需要较为复杂的再生处理才能有效应用于下一次的催化反应，在工业连续生产生物柴油中受到了一定的限制。为此，设计开发稳定性高的阴离子交换树脂成为未来的发展方向。

表 3-5 用于酯交换制备生物柴油的阴离子交换树脂固体碱概况

Table 3-5 Production of biodiesel by transesterification using anion exchange resin catalysts

序号	催化剂	原料	催化剂用量	醇/油脂摩尔比	反应时间	反应温度	产率 Y 或转化率 C/%	重复使用	参考文献
1	Diaion PA306s 阴离子交换树脂	三油酰甘油酯	4 g	乙醇：三油酰甘油酯＝10∶1	4 h	50℃	C>80	重复使用1次，无明显失活	（Shibasaki-Kitakawa,2007）
2	Diaion PA306S 阴离子交换树脂	甘油三酸酯	600 g	甲醇∶甘油三酸酯＝3.5∶1	—	50℃	Y＝92.3	重复使用4次，Y＝93.0%	（Shibasaki-Kitakawa,2011）
3	改性 R^+-OH^- (Na) 阴离子交换树脂	大豆油	2.5 wt.%	甲醇∶油＝9∶1	10 h	50℃	C＝97.25	重复使用5次，无明显失活	（Long,2011）
4	D261 型阴离子交换树脂	大豆油	80 g	甲醇∶油＝9∶1	—	50℃	C＝95.2	连续反应8 h，C＝23.7%	（Ren,2012）
5	Amberlyst A26 OH 型阴离子交换树脂	大豆油	10 wt.%	乙醇∶油＝6∶1	—	50℃	C>70	未报道	（Deboni,2018）

注：wt.%：重量含量百分数；h：小时；min：分钟。

参考文献

[1] Hattori H. Heterogeneous basic catalysis [J]. *Chemical Reviews*, 1995, 95: 537-558.

[2] Patil P D, Deng S. Transesterification of camelina sativa oil using heterogeneous metal oxide catalysts [J]. *Energy and Fuels*, 2009, 23 (9): 4619-4624.

[3] Yan S L, Lu H F, Liang B. Supported CaO catalysts used in the transesterification of rapeseed oil for the purpose of biodiesel production [J]. *Energy and Fuels*, 2008, 22: 646-651.

[4] Liu X, He H, Wang Y, et al. Transesterification of soybean oil to biodiesel using SrO as a solid base catalyst [J]. *Catalysis Communications*, 2007, 8 (7): 1107-1111.

[5] Peterson G R, Scarrah W P. Rapeseed oil transesterification by heterogeneous Catalysis[J]. *Journal of the American Chemical Society*, 1984, 61: 1593-1597.

[6] Lizuka T, Hattori H, Ohno Y, et al. Basic sites and reducing sites of calcium oxide and their catalytic activities [J]. *Journal of Catalysis*, 1971, 22 (1): 130-139.

[7] Gryglewicz S. Rapeseed oil methyl esters preparation using heterogeneous catalysts [J]. *Bioresource Technology*, 1999, 70: 249-253.

[8] Bancquart S, Vanhove C, Pouilloux Y, et al. Glycerol transesterification with methyl stearate over solid basic catalysts I. Relationship between activity and basicity [J]. *Applied Catalysis A: General*, 2001, 208: 1-11.

[9] Kouzu M, Yamanaka S Y, Hidaka J S, et al. Heterogeneous catalysis of calcium oxide used for transesterification of soybean oil with refluxing methanol [J]. *Applied Catalysis A: General*, 2009, 355 (1-2): 94-99.

[10] Granados M L, Poves M D Z, Alonso D M, et al. Biodiesel from sunflower oil by using activated calcium oxide [J]. *Applied Catalysis B: Environmental*, 2007, 73 (3-4): 317-326.

[11] Kawashima A, Matsubara K, Honda K. Acceleration of catalytic activity of calcium oxide for biodiesel production [J]. *Bioresour. Technology*, 2009, 100 (2): 696-700.

[12] Verziu M, Coman S M, Richards R, et al. Transesterification of vegetable oils over CaO catalysts[J]. *Catalysis Today*, 2011, 167 (1): 64-70.

[13] Kouzu M, Kasuno T, Tajika M, et al. Active phase of calcium oxide used as solid base catalyst for transesterification of soybean oil with refluxing methanol [J]. *Applied Catalysis A: General*, 2008, 334 (1-2): 357-365.

[14] Liu X, He H, Wang Y, et al. Transesterification of soybean oil to biodiesel using CaO as a solid base catalyst [J]. *Fuel*, 2008, 87 (2): 216-221.

[15] Tang S K, Zhao H, Song Z Y, et al. Glymes as benign co-solvents for CaO-catalyzed transesterification of soybean oil to biodiesel [J]. *Bioresource Technology*, 2013, 139: 107-112.

[16] Calero J, Luna D, Sancho E D, et al. Development of a new biodiesel that integrates glycerol, by using CaO as heterogeneous catalyst, in the partial methanolysis of sunflower oil [J]. *Fuel*, 2014, 122: 94-102.

[17] Esipovich A, Danov S, Belousov A, et al. Improving methods of CaO transesterification activity [J]. *Journal of Molecular Catalysis A: Chemical*, 2014, 395: 225-233.

[18] Chen G Y, Shan R, Shi J F, et al. Ultrasonic-assisted production of biodiesel from transesterification of palm oil over ostrich eggshell-derived CaO catalysts [J]. *Bioresource Technology*, 2014, 171: 428-432.

[19] Asikin-Mijan N, Lee H V, Taufiq-Yap Y H. Synthesis and catalytic activity of hydration-dehydration treated clamshell derived CaO for biodiesel production [J]. *Chemical Engineering Research and Design*, 2015, 102: 368-377.

[20] Chen G Y, Shan R, Yan B B, et al. Remarkably enhancing the biodiesel yield from palm oil upon abalone shell-derived CaO catalysts treated by ethanol [J]. *Fuel Processing Technology*, 2016, 143: 110-117.

[21] Niju S, Begum K M M S, Anantharaman N. Enhancement of biodiesel synthesis over highly active CaO derived from natural white bivalve clam shell [J]. *Arabian Journal of Chemistry*, 2016, 9(5): 633-639.

[22] Maneerung T, Kawi S, Dai Y J, et al. Sustainable biodiesel production via transesterification of waste cooking oil by using CaO catalysts prepared from chicken manure [J]. *Energy Conversion and Management*, 2016, 123: 487-497.

[23] Ayodeji A A, Modupe O E, Babalola R, et al. Data on CaO and eggshell catalysts used for biodiesel production[J]. *Data in Brief*, 2018, 19: 1466-1473.

[24] Li H, Liu F S, Ma X L, et al. Catalytic performance of strontium oxide supported by MIL-100(Fe) derivate as transesterification catalyst for biodiesel production [J]. *Energy Conversion and Management*, 2019, 180: 401-410.

[25] Du L X, Li Z, Ding S X, et al. Synthesis and characterization of carbon-based MgO catalysts for biodiesel production from castor oil [J]. *Fuel*, 2019, 258: 116-122.

[26] Kawashima A, Matsubara K, Honda K. Development of heterogeneous base catalysts for biodiesel production [J]. *Bioresource Technology*, 2008, 99: 3439-3443.

[27] Zabeti M, Daud W M A W, Aroua M K. Biodiesel production using alumina-supported calcium oxide: An optimization study [J]. *Fuel Processing Technology*, 2010, 91: 243-248.

[28] Meng Y L, Wang B Y, Li S F, et al. Effect of calcination temperature on the activity of solid Ca/Al composite oxide-based alkaline catalyst for biodiesel production [J]. *Bioresource Technology*, 2013, 128: 305-309.

[29] Yan S, Kim M, Salley S O, et al. Oil transesterification over calcium oxides modified with lanthanum [J]. *Applied Catalysis A: General*, 2009, 360: 163-170.

[30] Rubio-Caballero J M, Santamaría-Gonzálezz J, Mérida-Robles J, et al. Calcium zincate as precursor of active catalysts for biodiesel production under mild conditions[J]. *Applied Catalysis B: Environmental*, 2009, 91: 339-346.

[31] Taufiq-Yap Y H, Lee H V, Yunus R, et al. Transesterification of non-edible Jatropha curcas oil to biodiesel using binary Ca-Mg mixed oxide catalyst: Effect of stoichiometric composition [J]. *Chemical Engineering Journal*, 2011, 178: 342-347.

[32] Thitsartarn W, Kawi S. An active and stable $CaO\text{-}CeO_2$ catalyst for transesterification of oil to biodiesel [J]. *Green Chemistry*, 2011, 13: 3423-3430.

[33] Molaei D A, Ghasemi M. Transesterification of waste cooking oil to biodiesel using Ca and Zr mixed oxides as heterogeneous base catalysts [J]. *Fuel Processing Technology*, 2012, 97: 45-51.

[34] Kaur M, Ali A. Potassium fluoride impregnated CaO/NiO: An efficient heterogeneous catalyst for transesterification of waste cottonseed oil [J]. *European Journal of Lipid Science and Technology*, 2014, 116: 80-88.

[35] Wen Z, Yu X, Tu S T, et al. Biodiesel production from waste cooking oil catalyzed by $TiO_2\text{-}MgO$ mixed oxides [J]. *Bioresource Technology*, 2010, 101: 9570-9576.

[36] Mutreja V, Singh S, Ali A. Potassium impregnated nanocrystalline mixed oxides of La and Mg as heterogeneous catalysts for transesterification [J]. *Renewable Energy*, 2014, 62: 226-233.

[37] Chuayplod P, Trakarnpruk W. Transesterification of rice bran oil with methanol catalyzed by Mg(Al)La hydrotalcite and Metal/MgAl oxides [J]. *Industrial and Engineering Chemistry Research*, 2009, 48: 4177-4183.

[38] Mahdavi V, Monajemi A. Optimization of operational conditions for biodiesel production from cottonseed oil on CaO-MgO/Al_2O_3 solid base catalysts [J]. *Journal of the Taiwan Institute of Chemical Engineers*, 2014, 45: 2286-2292.

[39] Taufiq-Yap Y H, Teo S H, Rashid U, et al. Transesterification of Jatropha curcas crude oil to biodiesel on calcium lanthanum mixed oxide catalyst: Effect of stoichiometric composition [J]. *Energy Conversion and Management*, 2014, 88: 1290-1296.

[40] Rashtizadeh E, Farzaneh F, Talebpour Z. Synthesis and characterization of $Sr_3Al_2O_6$ nanocomposite as catalyst for biodiesel production [J]. *Bioresource Technology*, 2014, 154: 32-37.

[41] Lee H V, Juan J C, Taufiq-Yap Y H. Preparation and application of binary acidebase CaO-La_2O_3 catalyst for biodiesel production [J]. *Renewable Energy*, 2015, 74: 124-132.

[42] Istadi I, Prasetyo S A, Nugroho T S. Characterization of K_2O/CaO-ZnO catalyst for transesterification of soybean oil to biodiesel [J]. *Procedia Environmental Sciences*, 2015, 23: 394-399.

[43] Ezzah-Mahmudah S, Lokman I M, Saiman M I, et al. Synthesis and characterization of Fe_2O_3/CaO derived from Anadara Granosa for methyl ester production [J]. *Energy Conversion and Management*, 2016, 126: 124-131.

[44] Fan M M, Liu Y L, Zhang P B, et al. Blocky shapes Ca-Mg mixed oxides as a water-resistant catalyst for effective synthesis of biodiesel by transesterification [J]. *Fuel Processing Technology*, 2016, 149: 163-168.

[45] Narula V, Khan M F, Negi A, et al. Low temperature optimization of biodiesel production from algal oil using CaO and CaO/Al_2O_3 as catalyst by the application of response surface methodology [J]. *Energy*, 2017, 140: 879-884.

[46] Sudsakorn K, Saiwuttikul S, Palitsakun S, et al. Biodiesel production from Jatropha Curcas oil using strontium-doped CaO/MgO catalyst [J]. *Journal of Environmental Chemical Engineering*, 2017, 5: 2845-2852.

[47] Marinković D M, Avramović J M, Stanković M V, el al. Synthesis and characterization of spherically-shaped $CaO/\gamma\text{-}Al_2O_3$ catalyst and its application in biodiesel production [J]. *Energy Conversion and Management*, 2017, 144: 399-413.

[48] Shohaimi N A M, Marodzi F N S. Transesterification of waste cooking oil in biodiesel production utilizing CaO/Al_2O_3 heterogeneous catalyst [J]. *Malaysian Journal of Analytical Sciences*, 2018, 22: 157-165.

[49] Putra M D, Irawan C, Udiantoro, et al. A cleaner process for biodiesel production from waste cooking oil using waste materials as a heterogeneous catalyst and its kinetic study [J]. *Journal of Cleaner Production*, 2018, 195: 1249-1258.

[50] Rahman W U, Fatima A, Anwer A H, et al. Biodiesel synthesis from eucalyptus oil by utilizing waste egg shell derived calcium based metal oxide catalyst [J]. *Process Safety and Environmental Protection*, 2019, 122: 313-319.

[51] Dias A P S, Bernardo J, Felizardo P, et al. Biodiesel production by soybean oil methanolysis over SrO/MgO catalysts: The relevance of the catalyst granulometry [J]. *Fuel Processing Technology*, 2012, 102: 146-155.

[52] Lertpanyapornchai B, Ngamcharussrivichai C. Mesostructured Sr and Ti mixed oxides as heterogeneous base catalysts for transesterification of palm kernel oil with methanol [J]. *Chemical Engineering Journal*, 2015, 264: 789-796.

[53] Naor E O, Koberg M, Gedanken A. Nonaqueous synthesis of SrO nanopowder and SrO/SiO_2 composite and their application for biodiesel production via microwave irradiation [J]. *Renewable Energy*, 2017, 101: 493-499.

[54] Banerjee S, Sahani S, Sharma Y C. Process dynamic investigations and emission analyses of biodiesel produced using Sr-Ce mixed metal oxide heterogeneous catalyst [J]. *Journal of Environmental Management*, 2019, 248: 109218.

[55] Ambat I, Srivastava V, Iftekhar S, et al. Effect of different co-solvents on biodiesel production from various low-cost feedstocks using SreAl double oxides [J]. *Renewable Energy*, 2020, 146: 2158-2169.

[56] Silva C C C M , Ribeiro N F P, Souza M M V M, et al. Biodiesel production from soybean oil and methanol using hydrotalcites as catalyst [J]. *Fuel Processing Technology*, 2010, 91: 205-210.

[57] Gao L J, Teng G Y, Xiao G M, et al. Biodiesel from palm oil via loading KF/Ca-Al hydrotalcite catalyst [J]. *Biomass and Bioenergy*, 2010, 34(9):

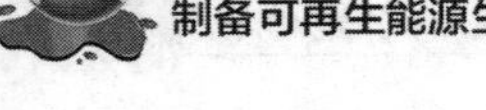

1283-1288.

[58] Gomes J F P, Puna J F B, Gonçalves L M, et al. Study on the use of MgAl hydrotalcites as solid heterogeneous catalysts for biodiesel production [J]. *Energy*, 2011, 36: 6770-6778.

[59] Dias A P S, Bernardo J, Felizardo P, et al. Biodiesel production over thermal activated cerium modified Mg-Al hydrotalcites [J]. *Energy*, 2012, 41: 344-353.

[60] Reyero I, Velasco I, Sanzb O, et al. Structured catalysts based on Mg-Al hydrotalcite for the synthesis of biodiesel [J]. *Catalysis Today*, 2013, 216: 211-219.

[61] Helwani Z, Aziz N, Bakar M Z A, et al. Conversion of Jatropha curcas oil into biodiesel using re-crystallized hydrotalcite [J]. *Energy Conversion and Management*, 2013, 73: 128-134.

[62] Liu X, Fan B, Gao S, et al. Transesterification of tributyrin with methanol over MgAl mixed oxides derived from MgAl hydrotalcites synthesized in the presence of glucose [J]. *Fuel Processing Technology*, 2013, 106: 761-768.

[63] Sun C J, Qiu F X, Yang D Y, et al. Preparation of biodiesel from soybean oil catalyzed by Al-Ca hydrotalcite loaded with K_2CO_3 as heterogeneous solid base catalyst [J]. *Fuel Processing Technology*, 2014, 126: 383-391.

[64] Córdova R I, Salmones J, Zeifert B, et al. Transesterification of canola oil catalized by calcined Mg-Al hydrotalcite doped with nitratine [J]. *Chemical Engineering Science*, 2014, 119: 174-181.

[65] Xu W, Gao L J, Jiang F, et al. In situ synthesis and characterization of Ca-Mg-Al hydrotalcite on ceramic membrane for biodiesel production [J]. *Chinese Journal of Chemical Engineering*, 2015, 23: 1035-1040.

[66] Guzmán-Vargas A, Santos-Gutiérrez T, Lima E, et al. Efficient KF loaded on MgCaAl hydrotalcite-like compounds in the transesterification of Jatropha curcas oil [J]. *Journal of Alloys and Compounds*, 2015, 643: S159-S164.

[67] Wang Y T, Fang Z, Zhang F, et al. One-step production of biodiesel from oils with high acid value by activated Mg-Al hydrotalcite nanoparticles [J]. *Bioresource Technology*, 2015, 193: 84-89.

[68] Ma Y Q, Wang Q H, Zheng L, et al. Mixed methanol/ethanol on transesterification of waste cooking oil using Mg/Al hydrotalcite catalyst [J]. *Energy*, 2016, 107: 523-531.

[69] Nowicki J, Lach J, Organek M, et al. Transesterification of rapeseed oil to

biodiesel over Zr-dopped MgAl hydrotalcites [J]. *Applied Catalysis A：General*, 2016，524：17-24.

[70] Anuar M R，Abdullah A Z. Ultrasound-assisted biodiesel production from waste cooking oilusing hydrotalcite prepared by combustion method as catalyst [J]. *Applied Catalysis A：General*，2016，514：214-223.

[71] Fatimaha I，Rubiyanto D，Nugraha J. Preparation，characterization，and modelling activity of potassium fluoride modified hydrotalcite for microwave assisted biodiesel conversion [J]. *Sustainable Chemistry and Pharmacy*，2018，8：63-70.

[72] Navajas A，Campo I，Moral A，et al. Outstanding performance of rehydrated Mg-Al hydrotalcites as heterogeneous methanolysis catalysts for the synthesis of biodiesel [J]. *Fuel*，2018，211：173-181.

[73] Hernández P S，Anzures F M，Hernández R P，et al. Methanolysis of *Simarouba Glauca* DC oil with hydrotalcite-type ZnCuAl catalysts [J]. *Catalysis Today*，2018，doi：10.1016/j.cattod.2018.06.034.

[74] Reyna-Villanueva L R，Dias J M，Medellín-Castillo N A，et al. Biodiesel production using layered double hidroxides and derived mixed oxides：The role of the synthesis conditions and the catalysts properties on biodiesel conversion [J]. *Fuel*，2019，251：285-292.

[75] Coral N，Brasil H，Rodrigues E，et al. Microwave-modified hydrotalcites for the transesterification of soybean oil [J]. *Sustainable Chemistry and Pharmacy*，2019，11：49-53.

[76] Lima-Correa R A B，Castro C S，Damasceno Amanda S，et al. The enhanced activity of base metal modified MgAl mixed oxides fromsol-gel hydrotalcite for ethylic transesterification [J]. *Renewable Energy*，2020，146：1984-1990.

[77] Dahdah E，Estephane J，Haydar R，et al. Biodiesel production from refined sunflower oil over Ca-Mg-Al catalysts：Effect of the composition and the thermal treatment [J]. *Renewable Energy*，2020，146：1242-1248.

[78] Zhang C Y，Shao W L，Zhou W X，et al. Biodiesel production by esterification reaction on K^+ modified MgAl-hydrotalcites catalysts [J]. *Catalysts*，2019，9：742.

[79] Kim H J，Kang B S，Kim M J，et al. Transesterification of vegetable oil to biodiesel using heterogeneous base catalyst [J]. *Catalysis Today*，2004，93-95：315-320.

[80] Xie W L，Li H T. Alumina-supported potassium iodide as a heterogeneous catalyst for biodiesel production from soybean oil [J]. *Journal of Molecular Catalysis A：Chemical*，2006a，255：1-9.

[81] Xie W L，Peng H，Chen L G. Transesterification of soybean oil catalyzed by potassium loaded on alumina as a solid-base catalyst [J]. *Applied Catalysis A：General*，2006b，300：67-74.

[82] Arzamendi G，Campo I，Arguiňarena E，et al. Synthesis of biodiesel with heterogeneous NaOH/alumina catalysts：Comparison with homogeneous NaOH [J]. *Chemical Engineering Journal*，2007，134：123-130.

[83] Yang Z Q，Xie W L. Soybean oil transesterification over zinc oxide modified with alkali earth metals [J]. *Fuel Processing Technology*，2007，88：631-638.

[84] Vyas A P，Subrahmanyam N，Patel P A. Production of biodiesel through transesterification of Jatropha oil using KNO_3/Al_2O_3 solid catalyst [J]. *Fuel*，2009，88：625-628.

[85] Lukić I，Krstić J，Jovanović D，et al. Alumina/silica supported K_2CO_3 as a catalyst for biodiesel synthesis from sunflower oil [J]. *Bioresource Technology*，2009，100：4690-4696.

[86] Kotwal M S，Niphadkar P S，Deshpande S S，et al. Transesterification of sunflower oil catalyzed by flyash-based solid catalysts [J]. *Fuel*，2009，88：1773-1778.

[87] Benjapornkulaphong S，Ngamcharussrivichai C，Bunyakiat K. Al_2O_3-supported alkali and alkali earth metal oxides for transesterification of palm kernel oil and coconut oil [J]. *Chemical Engineering Journal*，2009，145：468-474.

[88] Soetaredjo F E，Ayucitra A，Ismadji S，et al. KOH/bentonite catalysts for transesterification of palm oil to biodiesel [J]. *Applied Clay Science*，2011，53：341-346.

[89] Yang R，Su M X，Zhang J C，et al. Biodiesel production from rubber seed oil using poly (sodium acrylate) supporting NaOH as a water-resistant catalyst [J]. *Bioresource Technology*，2011，102：2665-2671.

[90] Salinas D，Araya P，Guerrero S. Study of potassium-supported TiO_2 catalysts for the production of biodiesel [J]. *Applied Catalysis B：Environmental*，2012，117-118：260-267.

[91] Manríquez-Ramírez M，Gómez R，Hernández-Cortez J G，et al. Advances in the transesterification of triglycerides to biodiesel using MgO-NaOH，MgO-KOH

and $MgO-CeO_2$ as solid basic catalysts [J]. *Catalysis Today*, 2013, 212: 23-30.

[92] Volli V, Purkait M K. Selective preparation of zeolite X and A from flyash and its use as catalyst for biodiesel production [J]. *Journal of Hazardous Materials*, 2015, 297: 101-111.

[93] Nasreen S, Liu H, Khan R, et al. Transesterification of soybean oil catalyzed by Sr-doped cinder [J]. *Energy Conversion and Management*, 2015, 95: 272-280.

[94] Ballotin F C, Cibaka T E, Ribeiro-Santos T A, et al. K_2MgSiO_4: A novel K^+-trapped biodiesel heterogeneous catalyst produced from serpentinite $Mg_3Si_2O_5(OH)_4$ [J]. *Journal of Molecular Catalysis A: Chemical*, 2016, 422: 258-265.

[95] Hadiyanto H, Afianti A H, Navi'a U I, et al. The development of heterogeneous catalyst C/CaO/NaOH from waste of green mussel shell (*Perna varidis*) for biodiesel synthesis [J]. *Journal of Environmental Chemical Engineering*, 2017, 5: 4559-4563.

[96] Alsharifi M, Znad H, Hena S, et al. Biodiesel production from canola oil using novel Li/TiO_2 as a heterogeneous catalyst prepared *via* impregnation method [J]. *Renewable Energy*, 2017, 114: 1077-1089.

[97] do Nascimento Pereira M R, Salviano A B, de Medeiros T P V, et al. $Ca(OH)_2$ nanoplates supported on activated carbon for the neutralization/removal of free fatty acids during biodiesel production [J]. *Fuel*, 2018, 221: 469-475.

[98] Abukhadra M R, Sayed M A. K^+ trapped kaolinite ($Kaol/K^+$) as low cost and eco-friendly basic heterogeneous catalyst in the transesterification of commercial waste cooking oil into biodiesel [J]. *Energy Conversion and Management*, 2018, 177: 468-476.

[99] Supamathanon N, Khabuanchalad S. Development of K-mordenite catalyst for biodiesel production from soybean oil [J]. *Materials Today: Proceedings*, 2019, 17: 1412-1422.

[100] Benedictto G P, Legnoverde M S, Tara J C, et al. Synthesis of K^+/MgO heterogeneous catalysts derived from $MgCO_3$ for biodiesel production [J]. *Materials Letters*, 2019, 246: 199-202.

[101] Silveira Junior E G, Perez V H, Reyero I, et al. Biodiesel production from heterogeneous catalysts based K_2CO_3 supported on extruded γ-Al_2O_3 [J]. *Fuel*, 2019, 241: 311-318.

[102] Nayebzadeh H, Haghighi M, Saghatoleslami N, et al. Texture/phase evolution

during plasma treatment of microwave-combustion synthesized KOH/$Ca_{12}Al_{14}O_{33}$-C nanocatalyst for reusability enhancement in conversion of canola oil to biodiesel [J]. *Renewable Energy*, 2019, 139: 28-39.

[103] Kazemifard S, Nayebzadeh H, Saghatoleslami N, et al. Application of magnetic alumina-ferric oxide nanocatalyst supported by KOH for in-situ transesterification of microalgae cultivated in wastewater medium [J]. *Biomass and Bioenergy*, 2019, 129: 105338.

[104] Li Z, Ding S X, Chen C, et al. Recyclable Li/NaY zeolite as a heterogeneous alkaline catalyst for biodiesel production: Process optimization and kinetics study [J]. *Energy Conversion and Management*, 2019, 192: 335-345.

[105] Abukhadra M R, Salam M A, Ibrahim S M. Insight into the catalytic conversion of palm oil into biodiesel using Na^+/K^+ trapped muscovite/phillipsite composite as a novel catalyst: Effect of ultrasonic irradiation and mechanism [J]. *Renewable and Sustainable Energy Reviews*, 2019a, 115: 109346.

[106] Abukhadra M R, Ibrahim S M, Yakout S M, et al. Synthesis of Na^+ trapped bentonite/zeolite-P composite as a novel catalyst for effective production of biodiesel from palm oil; Effect of ultrasonic irradiation and mechanism [J]. *Energy Conversion and Management*, 2019b, 196: 739-750.

[107] Shibasaki-Kitakawa N, Honda H, Kuribayashi H, et al. Biodiesel production using anionic ion-exchange resin as heterogeneous catalyst [J]. *Bioresource Technology*, 2007, 98: 416-421.

[108] Shibasaki-Kitakawa N, Tsuji T, Kubo M, et al. Biodiesel production from waste cooking oil using anion-exchange resin as both catalyst and adsorbent [J]. *BioEnergy Research*, 2011, 4: 287-293.

[109] Long T, Deng Y F, Li G H, et al. Application of N-methylimidizolium functionalized anion exchange resin containing NaOH for production of biodiesel [J]. *Fuel Processing Technology*, 2011, 92: 1328-1332.

[110] Ren Y B, He B Q, Yan F, et al. Continuous biodiesel production in a fixed bed reactor packed with anion-exchange resin as heterogeneous catalyst [J]. *Bioresource Technology*, 2012, 113: 19-22.

[111] Deboni T M, Hirata G A M, Shimamoto G G, et al. Deacidification and ethyl biodiesel production from acid soybean oil using a strong anion exchange resin [J]. *Chemical Engineering Journal*, 2018, 333: 686-696.

第 4 章　海藻酸盐复合物的制备及催化制备生物柴油

海藻酸钠由于具有来源广泛、价格低廉、易于回收再利用等优点，近期在吸附、分离等领域得到广泛应用。海藻酸钠[$(C_5H_7O_4COONa)_n$，SA]是海藻酸的钠盐，含有游离羧基(— COONa)，能够与金属离子发生离子交换反应，可得到不溶于水的复合物凝胶球材料，但该海藻酸复合物凝胶球材料应用于制备生物柴油的文献报道较少。为此，本章以廉价的氯化物、海藻酸钠为原料，制备了新型海藻酸盐复合物固体酸，并将其用于油酸与甲醇的酯化反应，合成生物柴油，系统考察了各影响因素对酯化反应的影响，并研究了该催化剂在各种酯化反应中的应用(Zhang，2017)。

4.1　实验部分

4.1.1　主要试剂及仪器

油酸(AR)，无水甲醇(AR)，无水乙醇(AR)，石油醚(AR)，氢氧化钠(AR)，氯化铜 ($CuCl_2 \cdot 2H_2O$，AR)，月桂酸(AR)，肉豆蔻酸(AR)，软脂酸(AR)，硬脂酸(AR)，海藻酸钠(CP)，麻疯树原油(购自贵州罗甸)。

X-射线衍射仪(D/MAX-2200)：美国利曼公司；傅立叶红外光谱仪(Perkin Elmer 100)：珀金埃尔默仪器有限公司；扫描电子显微镜(Quanta 250 FEG 型)：捷克公司；8S-1 磁力搅拌器：常州普天仪器制造有限公司；接触调压器：浙江正泰电器股份有限公司；GZX-9146 MBE 电热鼓风干燥箱：郑州长城科工贸有限公司。

4.1.2 催化剂制备

称取2.0 g海藻酸钠(SA)于100 mL去离子水中,在一定温度下搅拌至透明黏性溶液,静止过夜,配置0.1 mol/L $CuCl_2$液100 mL。在搅拌条件下,将配制的海藻酸钠溶液通过注射器逐滴加入$CuCl_2$溶液中,而后室温下继续搅拌2 h得到海藻酸盐凝胶球,静止、洗涤、过滤,放入烘箱40℃烘烤24 h,放入干燥箱备用,即得海藻酸盐(海藻酸铜记为Cu-SA)。

4.1.3 酯化反应

准确称取油酸及催化剂放入单口烧瓶中,加入一定量的甲醇,在安装有回流装置的油浴锅中恒温反应一段时间后,停止反应,关闭搅拌。待反应液冷却至室温后过滤回收催化剂,滤液经减压蒸馏除去过量的甲醇和水,得到成品油酸甲酯,按国际标准ISO 660—2009测定了反应前后的酸值,由反应前后酸值的变化与反应前酸值的比值计算得到油酸的转化率。

4.2 海藻酸铜复合物的制备及催化合成生物柴油

4.2.1 催化剂结构表征

(1) 粉末衍射谱图(XRD)分析

原料SA和Cu-SA催化剂的XRD谱图见图4-1。对比SA和Cu-SA的XRD谱图可知,海藻酸钠没有明显的特征衍射峰,而Cu-SA催化剂在2θ为16.28°、22.04°、28.68°、33.76°及47.52°,归属为Cu^{2+}的衍射峰(Kim,2010),表明海藻酸钠中的Na^{+}被Cu^{2+}所交换,成功制备得海藻酸铜复合物,推测其可能的结构见图4-2(Zaafarany,2010)。

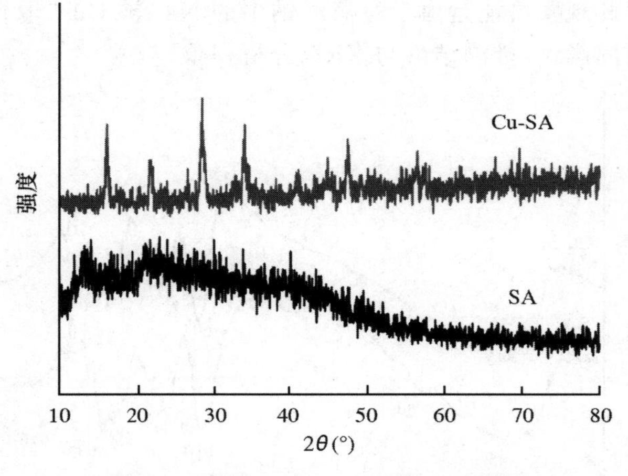

图 4-1 原料 SA 与 Cu-SA 的 XRD 谱图

Figure 4-1 XRD patterns of SA and Cu-SA

图 4-2 海藻酸铜催化剂可能的结构

Figure 4-2 Plausible structure of the copper (Ⅱ)-alginate based

(2) 傅立叶红外谱图(FT-IR)分析

图 4-3 为原料 SA 及 Cu-SA 的傅立叶红外光谱图。原料 SA 在 1619 cm^{-1}、1416 cm^{-1}、1032 cm^{-1}、944 cm^{-1}、892 cm^{-1}、814 cm^{-1}处出现特征吸收峰,分别归属为海藻酸中羧酸盐阴离子羰基的不对称伸缩振动、羧酸盐阴离子羰基的对称伸缩振动、C-O 伸缩振动、糖醛酸羰基伸缩振动、甘露糖醛酸残基 C1-H 变形振动、甘露糖醛酸残基振动(Papageorgiou,2010)。对比两个样品,除了 Cr-SA 催化剂在 946 cm^{-1}和 892 cm^{-1}处无明显的吸收峰,其他处吸收峰均有出现,但吸收峰强度

有所减弱。出现此现象可能是由于海藻酸钠中的 Na^+ 被 Cu^{2+} 取代,对原有的 SA 结构造成了一定的影响,推测结果与 XRD 分析一致。

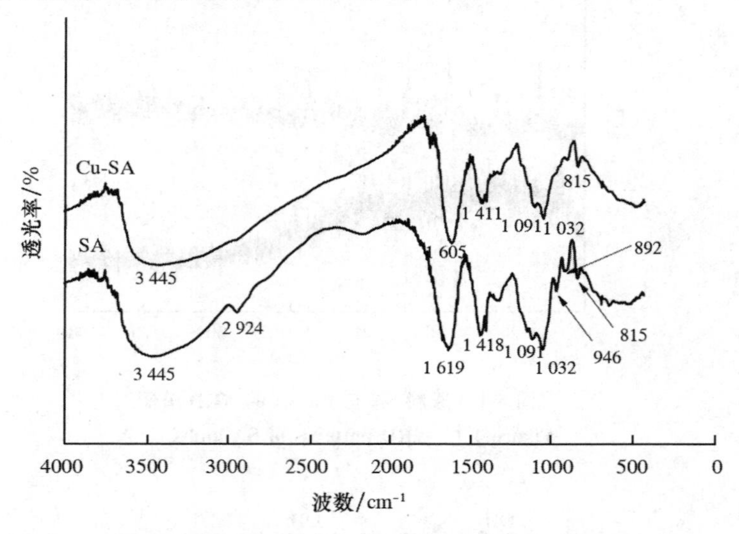

图 4-3 原料 SA 与 Cu-SA 的傅立叶红外光谱图

Figure 4-3 FT-IR spectra of SA and Cu-SA

(3) 扫描电镜谱图(SEM)分析

图 4-4 为原料 SA 及 Cu-SA 催化剂的 SEM 图。由图 4-4 可知,SA 展现不规

图 4-4 原料 SA (a) 与 Cu-SA (b) 的 SEM 图

Figure 4-4 SEM images of SA and Cu-SA

则块状结构，当 Cu^{2+} 与海藻酸钠发生离子交换后，Cu-SA 催化剂与 SA 的表面结构相差很大，呈现蜂窝状的孔洞结构，说明新形成的海藻酸盐改变了原有海藻酸钠的结构，且 Cu-SA 催化剂较 SA 的比表面积有所增加，活性位点增加，改善了催化剂的催化活性。

(4) 热重(TG)分析

图 4-5 为 Cu-SA 催化剂的 TG 图。由图 4-5 可知，热分解过程可分为三个阶段：第一阶段从室温到 150℃有一个较小的失重，主要是由于水受热蒸发；在 150～200℃有一个较大的失重，主要是由于海藻酸盐的部分分解；200～350℃有一个较为缓慢的失重，可归结为海藻酸盐的完全分解。但在 0～100℃，催化剂基本没有失重，表明催化剂在 100℃内较为稳定，在催化油酸与甲醇的酯化反应中，反应温度为甲醇的回流温度(＜100℃)。因此，在此温度下，Cu-SA 催化剂能有效地催化酯化反应。

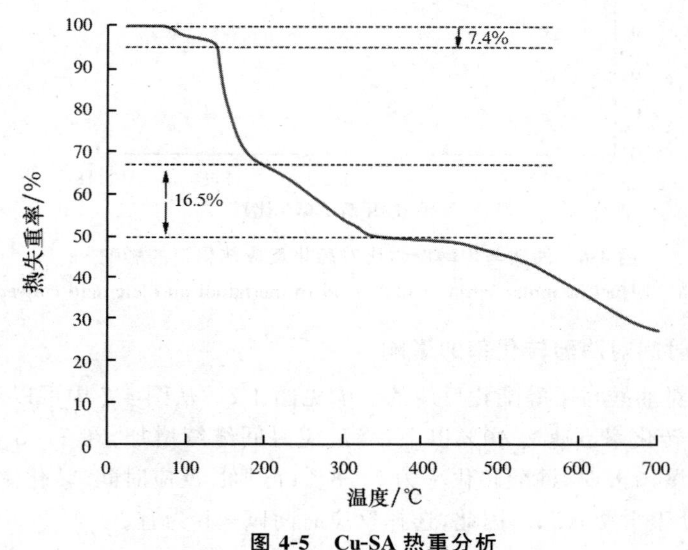

图 4-5 Cu-SA 热重分析

Figure 4-5 Thermo gravimetric analysis curves of Cu-SA catalyst

4.2.2 Cu-SA 催化剂催化活性研究

(1) 油酸与甲醇摩尔比对油酸转化率的影响

在油酸与甲醇的酯化反应中，过量的甲醇能促使酯化反应向正向进行，有利于油酸甲酯的生成(Ying，2016)。因此，考察了不同油酸与甲醇摩尔比[(1∶2)～

(1∶18)]对酯化反应的影响(图 4-6)。由图 4-6 可知,随着甲醇的增加,油酸的转化率也随之升高,当油酸与甲醇摩尔比为 1∶10 时,油酸转化率达到最高(71.8%),继续增加甲醇的量,油酸转化率略有下降,这可能是由于加入过量的甲醇使油酸和催化剂的浓度相对减少,文献中也有类似报道(Meher,2006)。因此,选择油酸与甲醇摩尔比为 1∶10 为宜。

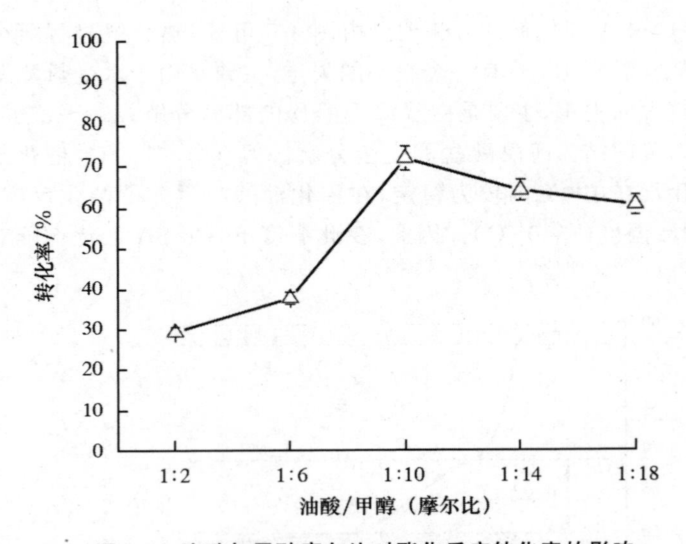

图 4-6　油酸与甲醇摩尔比对酯化反应转化率的影响

Figure 4-6　Effect of molar ratio of oleic acid to methanol on oleic acid conversion

(2) 反应时间对油酸转化率的影响

反应时间对油酸与甲醇酯化反应的影响见图 4-7。从图 4-7 中可以看出,反应 1 h 时,油酸的转化率迅速达 40%以上;当反应时间继续增加,在 1～3 h 内,转化率变化比较缓慢,3 h 时,油酸转化率为 71.8%;再延长反应时间,转化率无明显变化,反应基本处于平衡状态。因此,选择反应时间以 3 h 为宜。

(3) 催化剂用量对油酸转化率的影响

催化剂用量对油酸与甲醇酯化反应的影响见图 4-8。由图 4-8 可知,在无催化剂时,油酸的转化率较低,不到 20%;当催化剂用量由 50 mg 增加到 250 mg 时,油酸转化为油酸甲酯的转化率由 45.3%增加到 71.8%,然而继续增加催化剂用量,油酸转化率有所下降,这可能由于过多催化剂的加入使反应体系黏稠,影响了反应物的扩散,文献中也有类似报道(Wang,2011;Baskar,2016)。因此,最佳的催化剂用量为 250 mg。

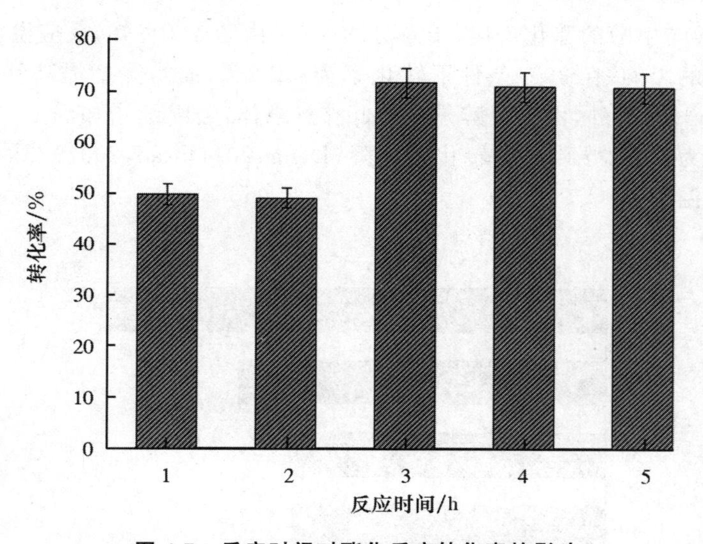

图 4-7 反应时间对酯化反应转化率的影响
Figure 4-7 Effect of reaction time on oleic acid conversion

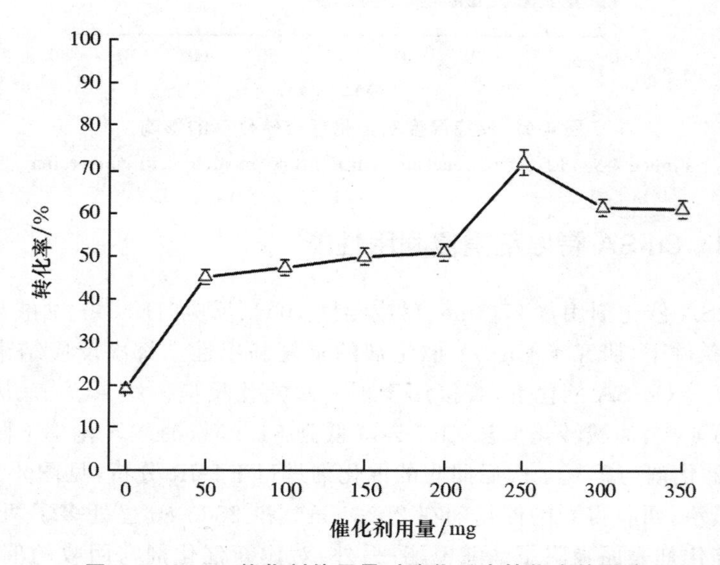

图 4-8 Cu-SA 催化剂的用量对酯化反应转化率的影响
Figure 4-8 Effect of the amount of Cu-SA on oleic acid conversion

(4) 反应温度对油酸转化率的影响

在上述反应条件优化的基础上考察了不同反应温度(30℃、40℃、50℃、60℃、

70℃)对油酸与甲醇的酯化反应,结果见图 4-9。由图 4-9 可知,反应温度对油酸转化率有一定的影响,在 30℃条件下转化率为 42.8%,而当温度提高到 70℃时,转化率达 71.8%。另外,由于甲醇是一种低沸点液体,若继续增加温度,会导致甲醇过多地转化为气相,导致油酸转化率下降(Deng,2011;Rao,2007)。因此,70℃为最佳的反应温度。

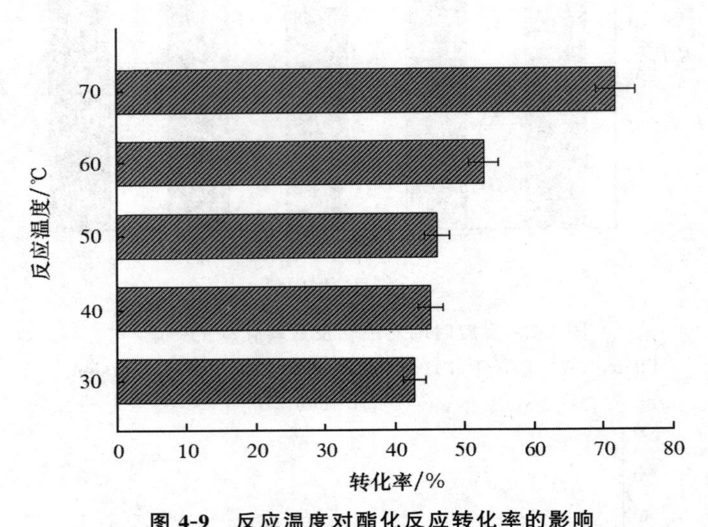

图 4-9　反应温度对酯化反应转化率的影响

Figure 4-9　Effect of reaction temperature on oleic acid conversion

4.2.3　Cu-SA 催化剂重复利用性能

在 Cu-SA 催化剂用量 250 mg、反应温度 70℃、反应时间 3 h、油酸与甲醇摩尔比 1∶10 的条件下,研究了 Cu-SA 催化剂的重复利用性。每次反应结束后通过简单过滤分离出 Cu-SA 催化剂,直接用于下一次酯化反应。结果显示,从第 1 次重复利用到第 4 次,油酸转化率从 71.8%降低到 34.9%,油酸转化率下降明显。对新 Cu-SA 催化剂与重复 4 次后回收的催化剂进行 FT-IR 分析,见图 4-10。FT-IR 表征结果显示,回收得到的催化剂在 2926 cm^{-1} 和 2885 cm^{-1} 处多了两个吸收峰,可归结为催化剂表面吸附了油酸甲酯;另外,对比新催化剂与回收的催化剂,其他主要的吸收峰也发生了转移,表明原 Cu-SA 催化剂的结构遭到了破坏。基于以上分析,Cu-SA 催化剂重复使用性差主要是由于催化剂结构遭到破坏,同时活性组分(Cu^{2+})也可能在反应过程中部分流失于反应体系,活性中心减少,转化率降低(Pasupulety,2013)。

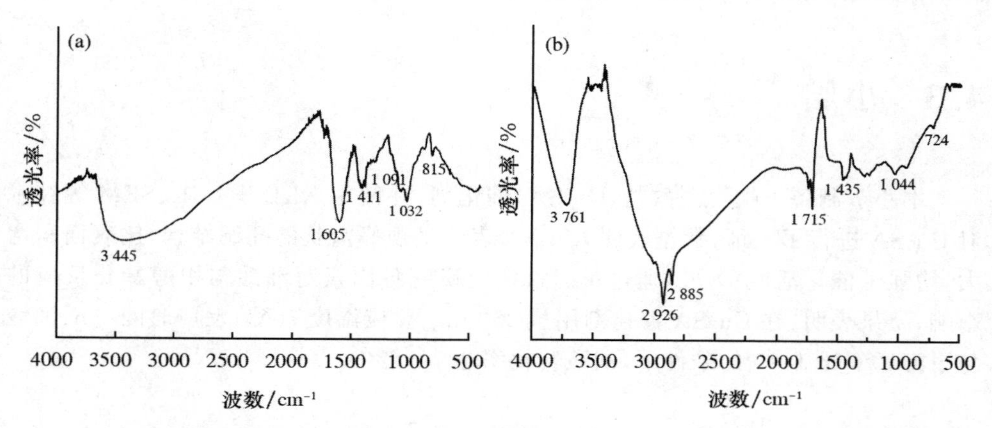

图 4-10　新 Cu-SA 催化剂(a)与回收 Cu-SA 催化剂(b)的 FT-IR 谱图

Figure 4-10　FT-IR spectra of fresh Cu-SA catalyst (a) and reused catalyst (b)

4.2.4　Cu-SA 固体酸催化各种酯化反应

为了进一步探究 Cu-SA 催化剂的催化活性,设计考察了不同羧酸及高酸值非粮油料与甲醇进行酯化反应,结果见表 4-1。从表 4-1 中可以看出,Cu-SA 催化剂在不同羧酸及高酸值非粮油料与甲醇酯化反应中,均表现出了较高的活性,说明 Cu-SA 适用于不同羧酸及高酸值非粮油料的酯化反应。

表 4-1　Cu-SA 催化剂催化各种酯化反应

Table 4-1　Results of other esterification

序号	各种酸(油)	短链醇	时间/h	酸(油)与醇(摩尔比)	催化剂用量/mg	转化率/%
1	月桂酸	甲醇	3	1:10	250	54.7
2	豆蔻酸	甲醇	3	1:10	250	61.5
3	棕榈酸	甲醇	3	1:10	250	61.1
4	硬脂酸	甲醇	3	1:10	250	69.9
5	油酸	甲醇	3	1:10	250	71.8
6	粗麻疯树油	甲醇	3	1:10	250	44.1
7	粗续随子油	甲醇	3	1:10	250	43.5

4.3 小结

本小节制备了铜海藻酸盐(Cu-SA)催化剂，并使用XRD、FT-IR、SEM等技术对Cu-SA进行了表征，数据表明，Cu-SA表明呈现蜂窝状的孔洞结构，比表面积增大，增强了催化活性；另外，通过单因素实验研究各因素对油酸与甲醇酯化反应的影响，结果表明：在Cu-SA催化剂用量250 mg、反应温度70℃、反应时间3 h、油酸与甲醇摩尔比1∶10的条件下，油酸转化率达71.8%。

参考文献

[1] Zhang Q Y, Wei F F, Zhang Y T, et al. Biodiesel production by catalytic esterification of oleic acid over copper (Ⅱ)-alginate complexes [J]. *Journal of Oleo Science*, 2017, 66(5): 491-497.

[2] Kim M H, Ham S W, Lee J B. Oxidation of gaseous elemental mercury by hydrochloric acid over $CuCl_2/TiO_2$-based catalysts in SCR process [J]. *Applied Catalysis B: Environmental*, 2010, 99: 272-278.

[3] Zaafarany I A, Khairou K S, Hassan R M, et al. Physicochemical studies on cross-linked thorium (Ⅳ)-alginate complex especially the electrical conductivity and chemical equilibrium related to the coordination geometry [J]. *Arabian Journal of Chemistry*, 2010, 2: 1-6.

[4] Papageorgiou S K, Kouvelos E P, Favvas E P, et al. Metal-carboxylate interactions in metal-alginate complexes studied with FTIR spectroscopy [J]. *Carbohydrate Research*, 2010, 345(4): 469-473.

[5] Ying P, Alam M A, Wang Z, et al. Enhanced esterification of oleic acid and methanol by deep eutectic solvent assisted Amberlyst heterogeneous catalyst [J]. *Bioresource Technology*, 2016, 220: 543-548.

[6] Meher L C, Sagar D V, Naik S N. Technical aspects of biodiesel production by transesterification-a review [J]. *Renewable and Sustainable Energy Reviews*, 2006, 10: 248-268(2006).

[7] Wang X, Liu X, Zhao C, et al. Biodiesel production in packed-bed reactors using

lipase-nanoparticle biocomposite [J]. *Bioresource Technology*, 2011, 102: 6352-6355.

[8] Baskar G, Soumiya S. Production of biodiesel from castor oil using iron (Ⅱ) doped zinc oxide nanocatalyst [J]. *Renewable Energy*, 2016, 98: 101-107.

[9] Deng X, Fang Z, Liu Y H, et al. Production of biodiesel from Jatropha oil catalyzed by nanosized solid basic catalyst [J]. *Energy*, 2011, 36: 777-784.

[10] Rao A P, Rao A V, Pajonk G M. Hydrophobic and physical properties of the ambient pressure dried silica aerogels with sodium silicate precursor using various surface modification agents [J]. *Applied Surface Science*, 2007, 253: 6032-6040.

[11] Pasupulety N, Gunda K, Liu Y, Rempel G L, Ng F T T. Production of biodiesel from soybean oil on CaO/Al_2O_3 solid base catalysts [J]. *Applied Catalysis A: General*, 2013, 452: 189-202.

第5章 多孔混合金属氧化物的制备及其催化制备生物柴油

在生物柴油的实际生产过程中，未经精加工的原油通常含有一定量的游离脂肪酸（FFAs）。而含有FFAs的原油制备生物柴油不能使用碱性催化剂，这是由于FFAs能与碱性催化剂发生皂化反应且使碱性催化剂中毒，因此，FFAs的存在限制了碱性催化剂的使用。为将FFAs经酯化反应转化为脂肪酸甲酯，固体酸催化剂得到了广泛的关注。因此，本章通过简单的物理、化学性质改性的方法制备改性Al-Mo混合金属氧化物作为催化剂，并将其用于油酸（续随子原油）与甲醇的酯化反应，系统研究了油酸（续随子原油）与甲醇摩尔比、催化剂用量、反应时间和反应温度对酯化反应的影响及催化剂的重复使用性；同时，催化剂被进一步用于高酸值非粮油料的预酯化反应中，考察其催化效果（Zhang，2018）。

5.1 实验部分

5.1.1 主要试剂与仪器

油酸（AR），续随子原油（*Euphorbia Lathyris* crude oil，ELCO，酸值41.6 mg KOH/g），甲醇（AR），异丙醇铝（$C_9H_{21}AlO_3$，AR，98%），氯化钼（$MoCl_5$，AR），硬脂酸（AR）。

RE-2000型旋转蒸发仪（上海亚荣生化仪器厂），SHZ-Ⅲ型循环水真空泵（上海亚荣），DF-101S集热式恒温加热磁力搅拌器（郑州长城科工贸有限公司），电热恒温干燥箱（上海精密仪器有限公司）。

催化剂表征仪器设备有：D/MAX-2200型全自动X-射线衍射仪（日本Rigaku

公司)，Netzsch STA449C Jupiter 型同步热分析仪(Thermogravimetry analysis/Differential scanning calorimeters，TG/DSC/德国)，VERTEX70 型傅立叶红外光谱仪(德国布鲁克公司)，全自动 2920 型 NH_3-TPD 化学吸附仪(美国麦克公司)，Zeiss EVO MA 15 型扫面电子显微镜(SEM，德国)，ASAP 2010M 型物理吸附仪(美国麦克公司)。

5.1.2 催化剂制备方法

硬脂酸(stearic acid)改性的 Al-Mo 的制备(Takenaka，2003a；Takenaka，2003b)：称取一定量的硬脂酸、异丙醇铝、氯化钼(异丙醇铝、氯化钼与硬脂酸的摩尔比分别为 1∶3、1∶5)、正丙醇四者混合后在磁力搅拌器上加热搅拌，先在 100℃条件下搅拌 30 min，然后升温至 170℃搅拌 1 h，趁热将所得混合物倒入瓷盘内，按 4℃/min 的升温速率升温至 600℃，并于此温度下煅烧 5 h 即得硬脂酸改性的 Al-Mo 固体酸，记为 Al-Mo-SA。按照上述制备方法制备了不含钼的改性氧化铝固体酸，标记为 Al-SA。以上催化剂经焙烧后放入内置硅胶的干燥器内，冷却后封装于密封瓶内、备用。

5.1.3 酯化反应

在一个 50 mL 不锈钢高压反应釜中，加入 5.0 g 油酸(或非粮油料)和计算量的甲醇，然后加入适量的催化剂和磁力搅拌子放入油浴中，在设定温度下进行反应。反应结束后，立即从油浴中提出，自然冷却。减压抽滤回收催化剂，滤液用旋转蒸发仪进行蒸发，除去过量的甲醇和水，得到酯化产品。按 ISO 660—2009 标准测定产物酸值，并按照如下公式计算油酸转化率：

$$转化率=\frac{初始酸值-产物酸值}{初始酸值}\times 100\%$$

5.2 催化剂表征

(1) 热重(TG)分析

图 5-1 为各改性 Al-Mo-SA 催化剂前驱体热重分析图，从图 5-1 可以看出，热分解过程可分为三个阶段：第一阶段为从室温到 100℃，这是由于水受热蒸发；第

二阶段为200～300℃,由于过剩羧酸的受热蒸发;第三阶段为330～500℃,推测原因可能是长链羧酸-金属配合物在样品中的分解。另外,在500～600℃时,样品处于一个稳定状态,可推测剩余的残余物为Al-Mo混合金属氧化物。由此可知,催化剂前驱体的最佳煅烧温度为600℃。

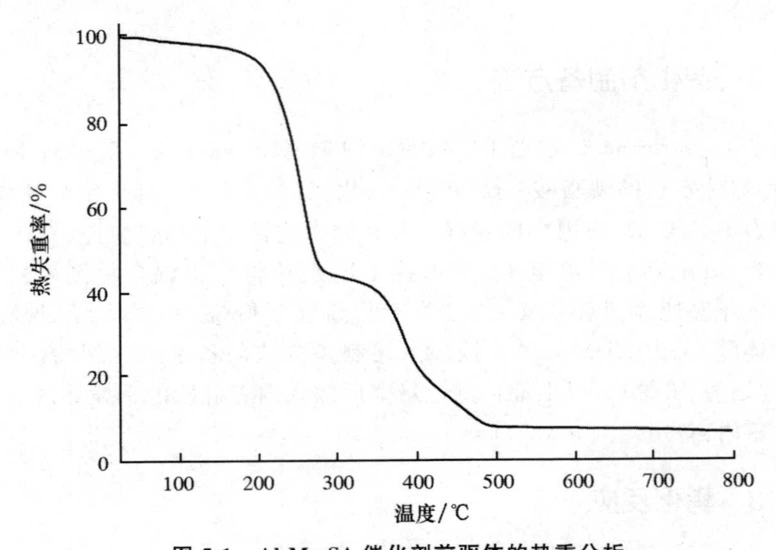

图5-1　Al-Mo-SA催化剂前驱体的热重分析

Figure 5-1　TG analysis of Al-Mo-SA catalyst

(2) X-射线粉末衍射(XRD)分析

图5-2为Al-Mo-SA及Al-SA固体酸的XRD谱图。从催化剂XRD图可以看出,Al-SA固体酸在$2\theta = 28°, 38°, 53°, 65°$出现广泛的峰(JCPDS文件ICDD—2002),表明Al-SA固体酸呈现一个无定型态(Evangelista,2012);当引入钼后,Al-Mo-SA样品出现了一些尖锐的峰,可归属为$Al_2(MoO_4)_3$及MoO_3(Harrison,1995;Kassem,2006)。值得注意的是,Al-Mo-SA样品可能由于存在MoO_3和Al-O-Mo,从而增强了催化活性。

(3) 傅立叶红外光谱(FT-IR)分析

Al-Mo-SA及Al-SA催化剂的红外光谱图见图5-3。由图5-3可知,在440 cm^{-1}、910 cm^{-1}出现吸收峰,可归结为含钼混合物中的Mo＝O伸缩振动(Kassem,2006;Zi,2003)。以上数据显示,Al-Mo-SA及Al-SA催化剂中均存在MoO_3晶相和$Al_2(MoO_4)_3$晶相,与XRD分析结果相一致。

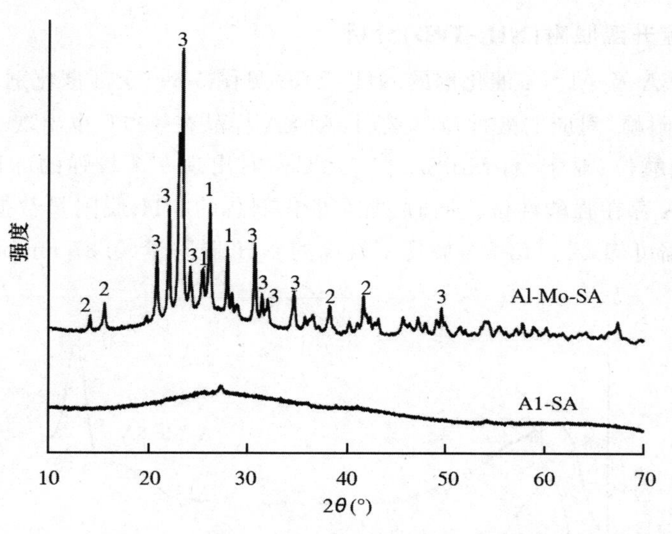

图 5-2 Al-Mo-SA 及 Al-SA 催化剂的 XRD 谱图

Figure 5-2 XRD patterns of Al-SA and Al-Mo-SA catalysts

[1:$Al_2(MoO_4)_3$;2:γ-Al_2O_3;3:MoO_3]

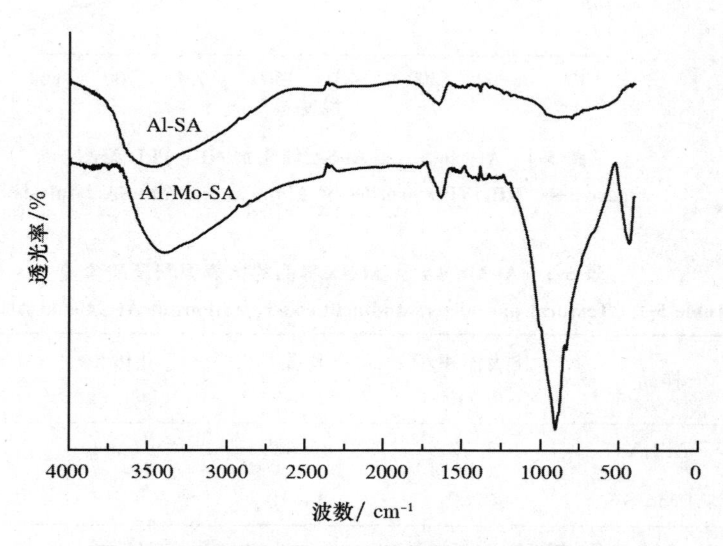

图 5-3 Al-Mo-SA 及 Al-SA 催化剂 FT-IR 谱图

Figure 5-3 FT-IR spectra of Al-SA and Al-Mo-SA catalysts

(4) 程序升温脱附(NH_3-TPD)分析

Al-Mo-SA 及 Al-SA 催化剂的 NH_3-TPD 见图 5-4。全部催化剂在 100℃左右出现 NH_3脱附峰,对应弱酸性位。然而,Al-SA 样品在 400℃也出现一个弱的脱附峰,对应中强酸位;对于 Al-Mo-SA 在 750℃左右出现一个较强的 NH_3脱附峰,说明 Al-Mo-SA 存在强酸性位。同时,所有催化剂总的 NH_3脱附量数据见表 5-1,从表 5-1 中数据可知,Al-Mo-SA 展现了最高的 NH_3脱附量(0.87 mmol/g)。

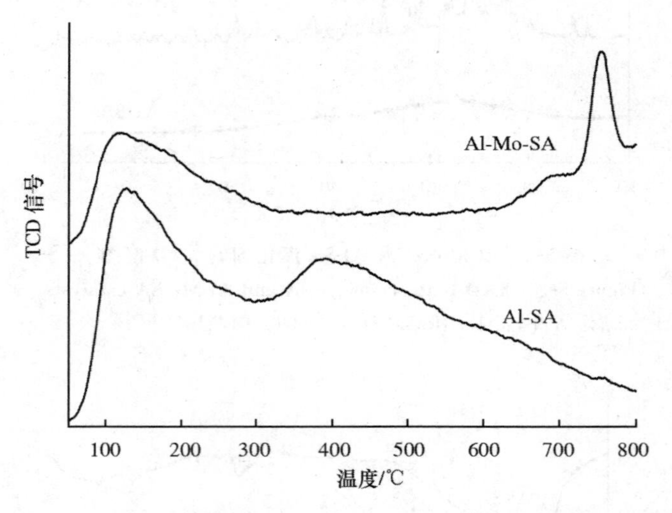

图 5-4　Al-Mo-SA 及 Al-SA 催化剂 NH_3-TPD 谱图
Figure 5-4　NH_3-TPD profiles of Al-SA and Al-Mo-SA catalysts

表 5-1　Al-Mo-SA 及 Al-SA 样品的比表面积及酸含量
Table 5-1　Textural parameters and acid concentrations of Al-SA and Al-Mo-SA

序号	样品	比表面积/(m^2/g)	平均孔径/nm	孔体积/(cm^3/g)	酸量[a]/(mmol/g)
1	Al-SA	21.73	5.68	0.03	0.78
2	Al-Mo-SA	49.82	14.19	0.17	0.87

[a]由 NH_3-TPD 数据计算而得。

(5) 扫描电子显微镜(SEM)分析

图 5-5 为 Al-SA(a)及 Al-Mo-SA (b)催化剂的扫描电镜图。从图 5-5 中可知,

对比 Al-SA 样品，Al-Mo-SA 样品由小颗粒聚集而成，呈现不规则的小块状结构，且在块与块之间形成很多空隙，形成了一个近似松散的蜂窝状表面。

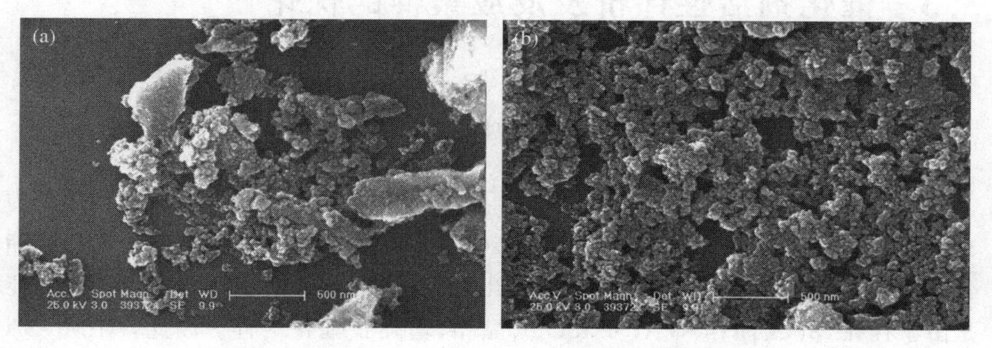

图 5-5 Al-SA(a)及 Al-Mo-SA (b)催化剂样品的 SEM 图

Figure 5-5 SEM micrographs of (a) Al-SA and (b) Al-Mo-SA catalysts

(6) N_2-吸附脱附分析

为了进一步研究硬脂酸改性 Al-Mo 催化剂的表面结构，N_2-吸附脱附被用于 Al-Mo-SA 催化剂及 Al-SA 催化剂，其 N_2-吸附脱附图见图 5-6。结果发现，Al-Mo-SA 在 P/P_0 为 0.7～0.9 出现回滞环，表明该样品具有介孔结构，且 Al-Mo-SA 催化剂具有较高的比表面积和孔体积(表 5-1)。

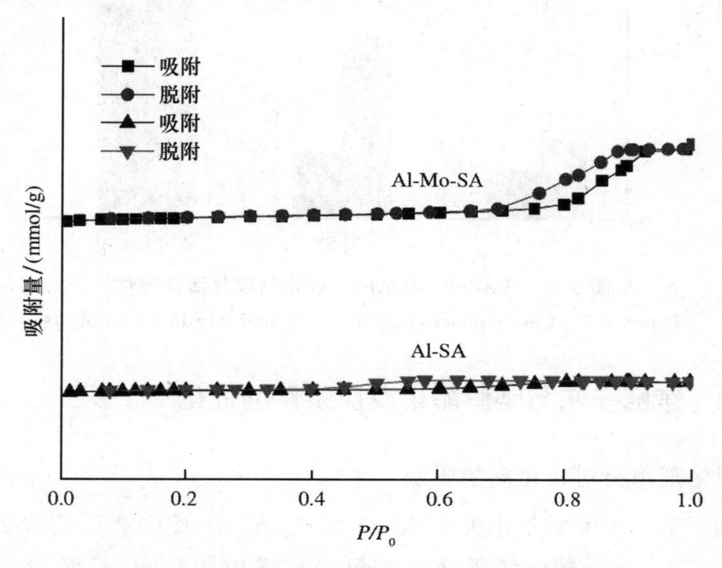

图 5-6 Al-Mo-SA 及 Al-SA 样品的 N_2-吸附脱附图

Figure 5-6 Nitrogen adsorption-desorption profiles of Al-SA and Al-Mo-SA catalysts

5.3 催化剂活性评价及反应条件的优化

5.3.1 各改性剂改性固体酸活性评价

在油酸与甲醇摩尔比为1:10(续随子油与甲醇摩尔比为1:20),催化剂用量为3 wt.%,反应时间为2 h,反应温度为180℃时,考察了各种固体酸催化剂催化酯化性能。如图5-7所示,Al-Mo-SA表现出较高的催化活性较其他催化剂,这可能是由于存在MoO_3晶相和$Al_2(MoO_4)_3$晶相,增强了催化活性。因此,Al-Mo-SA催化剂被作为目标催化剂用于以下的研究。

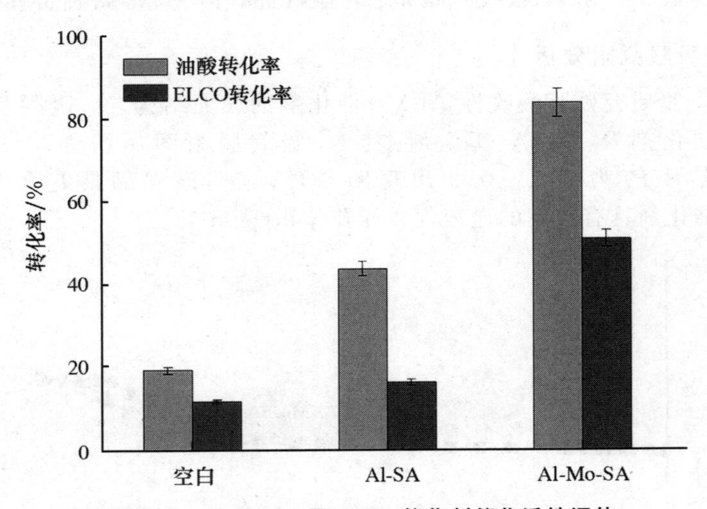

图5-7 Al-Mo-SA及Al-SA催化剂催化活性评估

Figure 5-7 Catalytic activities of Al-SA and Al-Mo-SA catalysts

5.3.2 续随子油与甲醇酯化反应条件的优化

(1) 催化剂用量对转化率的影响

在续随子油与甲醇摩尔比为1:20于180℃条件下反应2 h,研究了不同催化剂用量(0～5 wt.%)对续随子油与甲醇酯化反应的影响,见图5-8(a)。从图5-8(a)中可以看出,无催化剂时,油酸的转化率较低;当催化剂的用量逐渐增加时,

转化率也随之逐渐增加。当催化剂用量为 3 wt. %时，油酸转化率达 80.9%，继续增加催化剂用量，转化率增加缓慢。因此，最佳催化剂用量为 3 wt. %。

(2) 反应时间对转化率的影响

在续随子油与甲醇摩尔比为 1:20，催化剂用量为3 wt. %，反应温度为180℃时，研究不同反应时间(0.5～2.5 h)对续随子油与甲醇酯化反应的影响，见图 5-8(b)。由图 5-8(b)可知，在反应时间为 0.5～2.0 h 过程中，随着反应时间的增加，油酸的转化率也随之增加，当反应时间为 2.0 h 时，反应转化率达到 80.9%，继续增加反应时间，反应转化率没有明显变化，反应趋近动态平衡。因此，反应时间为2.0 h 较为适宜。

(3) 反应温度对转化率的影响

在上述反应条件优化的基础上研究了各种反应温度(100℃、120℃、140℃、160℃、180℃、200℃)对续随子油与甲醇的酯化反应，结果见图 5-8(c)。由图 5-8(c) 可知，反应温度对转化率的影响较大，而当温度提高到 180℃时，转化率达 80.9%，继续增加温度到 200℃，转化率没有明显改善。因此，180℃为最佳的反应温度。

(4) 续随子油与甲醇摩尔比对转化率的影响

由于酯化反应是一种可逆反应，过量的甲醇可以促使反应的进行(Xie,2013)。因此，高酸值续随子油与甲醇的摩尔比对反应的转化率具有较大的影响。将 3 wt. % 的 Al-Mo-SA 在高酸值续随子油与甲醇摩尔比分别为 1:8、1:12、1:16、1:20、1:24于 180℃条件下反应 2 h，研究了续随子油与甲醇摩尔比对酯化反应的影响，结果见图 5-8(d)。从图 5-8(d)可知，随着甲醇的增加，预酯化转化率是逐渐增加，当续随子油与甲醇摩尔比由 1:8到 1:20 时，酯化反应转化率从 41.8%增加到 80.9%；继续增加续随子油与甲醇的摩尔比时，转化率无明显增加。所以，为了节约成本，选择续随子油与甲醇摩尔比为 1:20 为宜。

5.3.3　催化剂重复使用性能研究

由于制备固体酸催化剂的工艺较为繁琐且成本较高，因此制备出具有高活性、可重复使用性的固体酸催化剂对工业化生产生物柴油具有重要的意义(Ye, 2013)。每次酯化反应后，回收得到的催化剂经洗涤、真空干燥后直接用于下一次酯化反应，图 5-9 为 Al-Mo-SA 催化剂重复使用 4 次酯化反应催化效果图。由

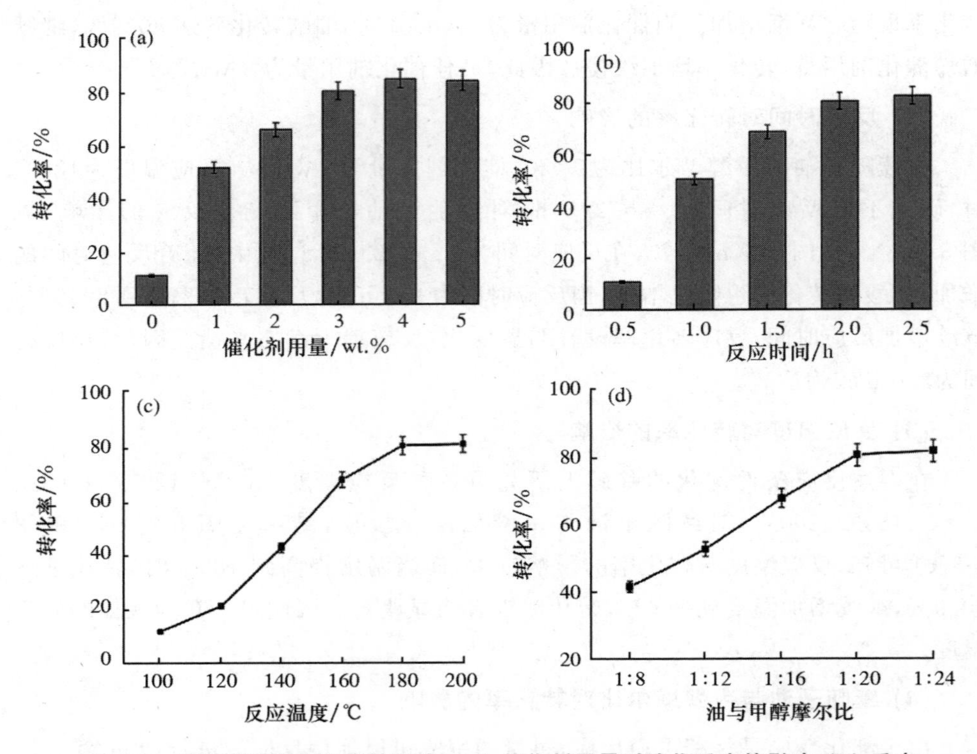

图 5-8　各因素对酯化反应的影响：(a) 催化剂用量对酯化反应的影响；(b) 反应时间对酯化反应的影响；(c) 反应温度对酯化反应的影响；(d) 续随子油与甲醇摩尔比对酯化反应的影响

Figure 5-8　(a) Effect of catalyst loading on ELCO conversion; (b) Effect of reaction time on ELCO conversion; (c) Effect of reaction temperature on ELCO conversion; (d) Effect of the molar ratio of oil to methanol on ELCO esterification conversion

图 5-9 可知，转化率从第 1 次的 80.9%到第 4 次的 73.2%，转化率有所降低，催化活性有所下降，其原因可能有两方面：其一，部分催化剂在回收时有所流失；其二，催化剂中部分活性位点可能被阻塞。对比 Al-Mo-SA 与回收的催化剂的傅立叶红外光谱图可知(图 5-10)，回收的催化剂保持一个稳定的形态，表明 Al-Mo-SA 具有较高的稳定性。

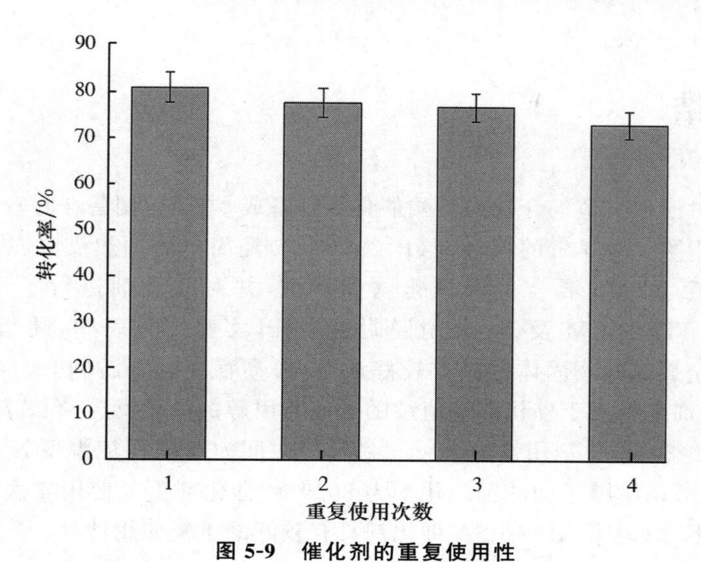

图 5-9 催化剂的重复使用性

Figure 5-9 Recycling experiment of Al-Mo-SA catalyst

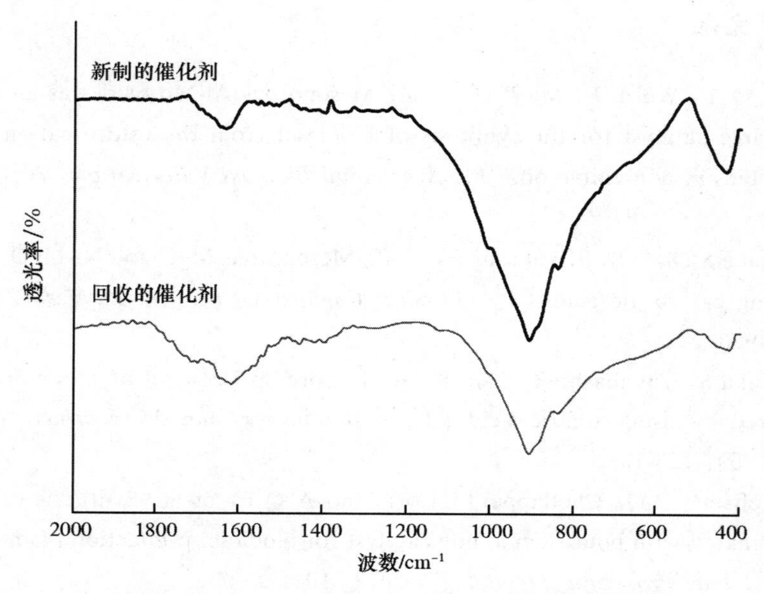

图 5-10 新 Al-Mo-SA 催化及回收催化剂 FT-IR 谱图

Figure 5-10 FT-IR spectra of fresh Al-Mo-SA catalyst and reused catalyst

5.4 小结

本章针对已见报道的介孔固体酸催化剂制备成本较高、制备耗时较长的缺点，设计采用硬脂酸代替昂贵的模板剂（P123、F127）经简单的加热反应、热分解途径制备出了改性 Al-Mo 混合金属氧化物固体酸，并对改性剂进行了 TG、XRD、FT-IR、NH_3-TPD、SEM 及 N_2-吸附脱附等表征，实验结果表明，硬脂酸改性的 Al-Mo 混合金属氧化物固体酸具有较好活性、较高稳定性、较高比表面积及介孔结构；该催化剂还被用于催化高酸值续随子油与甲醇的酯化反应，在续随子油与甲醇摩尔比为 1∶20，催化剂用量为 3 wt.%，反应时间为 2 h，反应温度为 180℃的最优条件下，高酸值续随子油的预酯化率为 80.9%，催化剂重复使用 4 次，催化剂催化活性略有下降，说明 Al-Mo-SA 催化剂具有较好的重复使用性。

参考文献

[1] Zhang Q Y, Wei F F, Ma P H, et al. Mesoporous Al-Mo oxides as an effective and stable catalyst for the synthesis of biodiesel from the esterification of free-fatty acids in non-edible oils [J]. *Waste and Biomass Valorization*, 2018, 9(6): 911-918.

[2] Takenaka S, Sato S, Takahashi R, et al. Mesoporous MgO and Ni-MgO prepared by using carboxylic acids [J]. *Physical Chemistry Chemical Physics*, 2003a, 5: 4968-4973.

[3] Takenaka S, Takahashi R, Sato S, et al. Pore size control of mesoporous SnO_2 prepared by using stearic acid [J]. *Microporous and Mesoporous Materials*, 2003b, 59: 123-131.

[4] Evangelista J P C, Chellappa T, Coriolano A C F, et al. Synthesis of alumina impregnated with potassium iodide catalyst for biodiesel production from rice bran oil [J]. *Fuel Processing Technology*, 2012, 104: 90-95.

[5] Harrison W T A. Crystal structure of paraelastic aluminum molybdate and ferric molybdate, Beta-$Al_2(MoO_4)_3$ and Beta-$Fe_2(MoO_4)_3$[J]. *Materials Research Bulletin*, 1995, 30(11): 1325-1331.

[6] Kassem M. Phase relations in the Al_2O_3-MoO_3 and Al-MoO_3 systems, investigated by X-ray powder diffraction, FTIR, and DTA techniques [J]. *Inorganic Materials*, 2006, 42(2): 165-170.

[7] Zi F L, Yan J F, Yang P C, et al. Characterization of molybdenum oxide supported on a-Al_2O_3[J]. *Journal of Materials Chemistry*, 2003, 13: 1206-1209.

[8] Xie W L, Wang T. Biodiesel production from soybean oil transesterification using tin oxide-supported WO_3 catalysts [J]. *Fuel Processing Technology*, 2013, 109: 150-155.

[9] Ye B, Li Y H, Qiu F X, et al. Production of biodiesel from soybean oil catalyzed by attapulgite loaded with $C_4H_5O_6KNa$ catalyst [J]. *Korean Journal of Chemical Engineering*, 2013, 30(7): 1395-1402.

第6章 取代型多酸盐固体酸的制备及其催化制备生物柴油

多金属氧酸盐(简称多酸)作为一种环境友好、高催化活性的催化材料,不仅具有一般配合物和金属氧化物的结构特征,还拥有强酸性、氧化还原性等优点,被广泛应用于催化、电化学等领域。其中,在催化酯化反应中,多酸能成为重要的酸催化剂之一,其最主要的原因来自多酸分子表面上的低电荷密度,由于电荷的非定域性使质子的自由活动性增大,因此多酸表现出较强的布朗斯特酸性。然而,多酸虽在催化反应中表现出众多优异的特性,但纯的多酸比表面积较小,在反应中易溶于极性溶剂,导致难易回收循环利用。因此,本章针对多酸结构、性质进行多种手段的改性,以获得异相催化的多酸基催化材料,改善回收和再利用问题,提高多酸的使用效率。研究结果可为工业上设计新型改性绿色催化材料及持续化生产新能源提供数据参考,对发展新能源具有重要的意义。

6.1 实验部分

(1) 主要试剂与仪器

油酸(AR),甲醇(AR),硝酸银(AR),碳酸铵(AR),磷钨酸($H_3PW_{12}O_{40}$, H_3PW, AR),磷钼酸($H_3PMo_{12}O_{40}$, H_3PMo, AR),六水合三氯化铁($FeCl_3 \cdot 6H_2O$, AR),月桂酸(AR),肉豆蔻酸(AR),软脂酸(AR),硬脂酸(AR),麻疯树原油(购自贵州罗甸),千金子原油(购自安徽亳州)。

RE-2000型旋转蒸发仪,SHZ-Ⅲ型循环水真空泵,DF-101S集热式恒温加热磁力搅拌器,电热恒温干燥箱。

催化剂表征仪器设备有：D/MAX-2000 型全自动 X-射线衍射仪，NETZSCH/STA 409 型同步热分析仪，VERTEX70 型傅立叶红外光谱仪，JEOL-6701F 型扫描电子显微镜，JEOL 2100F 型透射电子显微镜，ASAP 2020 型物理吸附仪。

(2) 酯化反应

在一个 100 mL 圆底烧瓶中，加入 5.0 g 油酸（或非粮油料）和计算量的甲醇，然后加入适量的催化剂和磁力搅拌子放入油浴中，在设定温度下进行反应。反应结束后，立即从油浴中提出，自然冷却。过滤回收催化剂，除去过量的甲醇和水，得到油酸甲酯。按国际 ISO 660—2009 标准测定产物酸值，并按照如下公式计算产品的转化率：

$$转化率=\frac{初始酸值 - 产物酸值}{初始酸值} \times 100\%$$

6.2 银、铵混合掺杂磷钨酸的制备及催化性能研究

本节通过简单的离子交换法制备银、铵混合掺杂磷钨酸作为固体酸催化剂，并将其用于油酸（油料）与甲醇的酯化反应，系统研究了改性掺杂杂多酸的结构与表面、各因素对酯化反应的影响及催化剂的重复使用性；同时，催化剂被进一步用于高酸值非粮油料的预酯化反应中，考察其催化效果（Zhang，2017）。

6.2.1 催化剂的制备

银、铵混合掺杂磷钨酸的制备：称取 2.88 g，0.2 mol/L 的磷钨酸溶于去离子水中，在搅拌条件下逐滴加入碳酸铵水溶液和硝酸银水溶液，先在室温条件下搅拌 1 h，然后升温至 70℃ 搅拌 3 h，将得到的混合体系在真空干燥箱下 110℃ 干燥 12 h，得到掺杂磷钨酸，记为 $Ag_1(NH_4)_2PW_{12}O_{40}$。

6.2.2 催化剂表征

(1) X-射线粉末衍射(XRD)分析

图 6-1 为 H_3PW 及 $Ag_1(NH_4)_2PW_{12}O_{40}$ 的 XRD 谱图。从催化剂 XRD 图可以看出，原料 H_3PW 在 2θ = 9.1°、20.3°、25.8°、27.5°、28.7°、31.6°、35.9°出现尖

锐的峰，可归属为Keggin型阴离子的体心立方二级结构(Doyle，2016)。当银、铵混合掺杂磷钨酸后，可发现在混合掺杂磷钨酸中有与原料H_3PW相似的衍射峰，但部分衍射峰向高2θ移动，表明得到的$Ag_1(NH_4)_2PW_{12}O_{40}$结构中晶胞排列更紧密了，与文献结果一致(Raveendra，2016；Nyman，2004)。

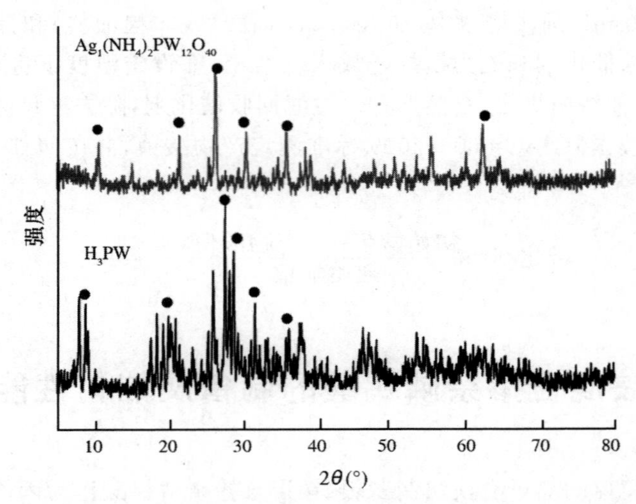

图6-1 H_3PW及$Ag_1(NH_4)_2PW_{12}O_{40}$催化剂的XRD谱图

Figure 6-1 XRD patterns of pristine H_3PW and $Ag_1(NH_4)_2PW_{12}O_{40}$

(2)傅立叶红外光谱(FT-IR)分析

H_3PW及$Ag_1(NH_4)_2PW_{12}O_{40}$催化剂的红外光谱图见图6-2。由图6-2可知，在1080 cm^{-1}、982 cm^{-1}、889 cm^{-1}、982 cm^{-1}出现吸收峰，可归结为中心四面体PO_4^{3-}中的P-O、W=O_t(O为骨架中的末端氧)、W-O_d-W (O为八面体的桥氧键)、W-O_c-W (O为八面体的角氧键)的伸缩振动吸收峰，推断为典型的Keggin结构的特征吸收峰(Zhang，2016；Gawade，2016)。同样在$Ag_1(NH_4)_2PW_{12}O_{40}$的红外光谱图中，1040 cm^{-1}，980 cm^{-1}，867 cm^{-1}，798 cm^{-1}处有特征吸收峰，表明改性后的多酸保持了磷钨酸原有的Keggin结构，但出现的特征衍射峰明显地向低波数移动(红移)，这可能是由于H^+被尺寸较大的Ag^+、NH_4^+所取代导致。另外，在1401 cm^{-1}处出现特征衍射峰可归属为N-H伸缩振动，表明NH_4^+被成功掺杂到H_3PW(Santos，2016)。

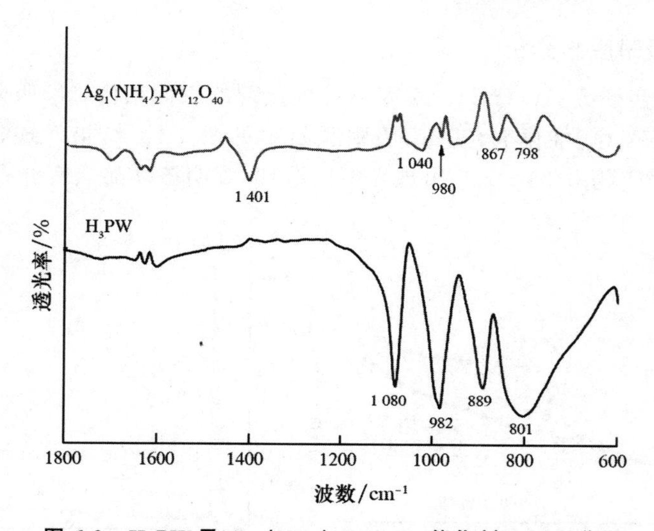

图 6-2 H_3PW 及 $Ag_1(NH_4)_2PW_{12}O_{40}$ 催化剂 FT-IR 谱图

Figure 6-2 FT-IR spectra of pristine H_3PW and $Ag_1(NH_4)_2PW_{12}O_{40}$ catalyst

(3) 热重(TG)分析

图 6-3 为 $Ag_1(NH_4)_2PW_{12}O_{40}$ 催化剂热重分析图,从图 6-3 可以看出,热分解过程可分为两个阶段:第一阶段为 40~270℃,这是由于催化剂表明吸附水受热蒸发,失重率 2.8%;第二阶段为 300~600℃,由于 $Ag_1(NH_4)_2PW_{12}O_{40}$ 催化剂中的 NH_3 受热蒸发,失重率 2.7%。由此可知,催化剂表现出较高的热稳定性。

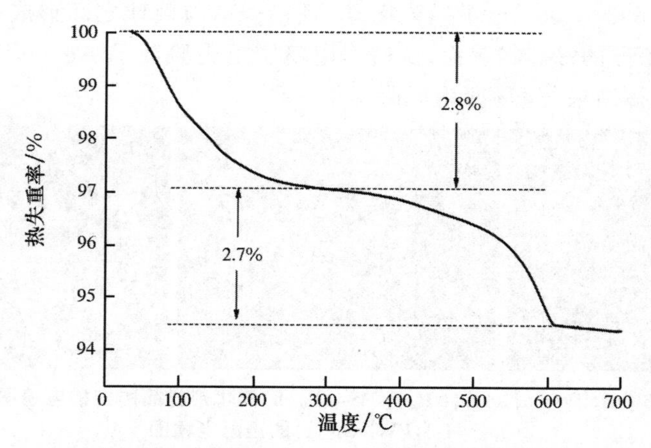

图 6-3 $Ag_1(NH_4)_2PW_{12}O_{40}$ 催化剂的热重分析

Figure 6-3 TG analysis of $Ag_1(NH_4)_2PW_{12}O_{40}$ catalyst

(4) N_2-吸附脱附分析

为了进一步研究 $Ag_1(NH_4)_2PW_{12}O_{40}$ 催化剂的表面结构，N_2-吸附脱附被用于 $Ag_1(NH_4)_2PW_{12}O_{40}$ 催化剂，其 N_2-吸附脱附图见图 6-4。结果发现，$Ag_1(NH_4)_2PW_{12}O_{40}$ 在 P/P_0 为 0.35～1.0 出现Ⅳ型回滞环，表明该样品具有介孔结构。

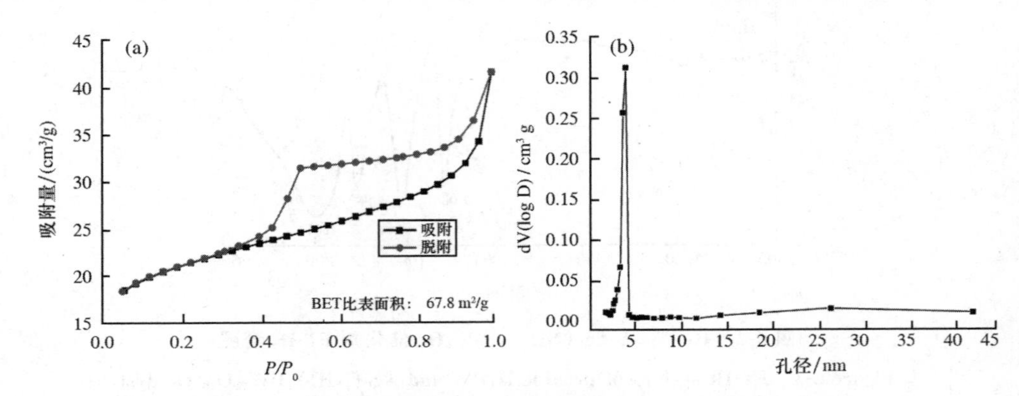

图 6-4　$Ag_1(NH_4)_2PW_{12}O_{40}$ 样品的 N_2-吸附脱附图(a)及孔径分布图(b)

Figure 6-4　N_2 adsorption-desorption isotherms (a) and pore size distribution (b) of the $Ag_1(NH_4)_2PW_{12}O_{40}$ catalyst

(5) 扫描电子显微镜(SEM)及透射电子显微镜(TEM)分析

图 6-5 为 H_3PW (a)及 $Ag_1(NH_4)_2PW_{12}O_{40}$(b)催化剂的扫描电镜图。从图 6-5 中可知，$H_3PW$ 的扫描电镜图呈现不规则的大块状结构，而经混合掺杂后的 H_3PW，表现为 500～600 nm 的纳米微球，且在微球与微球之间形成很多空隙，形成了一个近似松散的蜂窝状表面，从透射电镜图上也验证了 $Ag_1(NH_4)_2PW_{12}O_{40}$ 具有介孔结构，该结果与 N_2-吸附脱附结果一致。

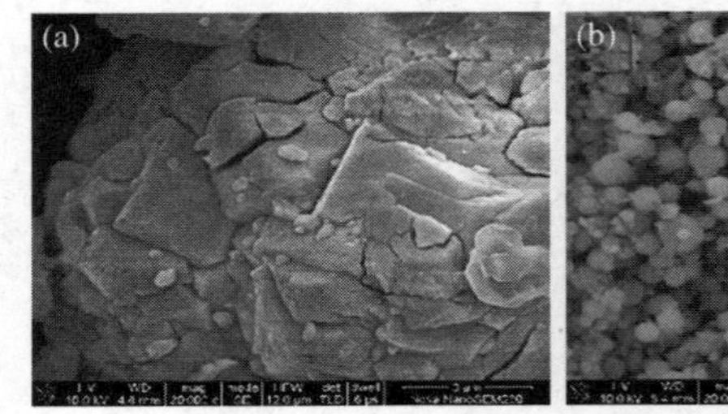

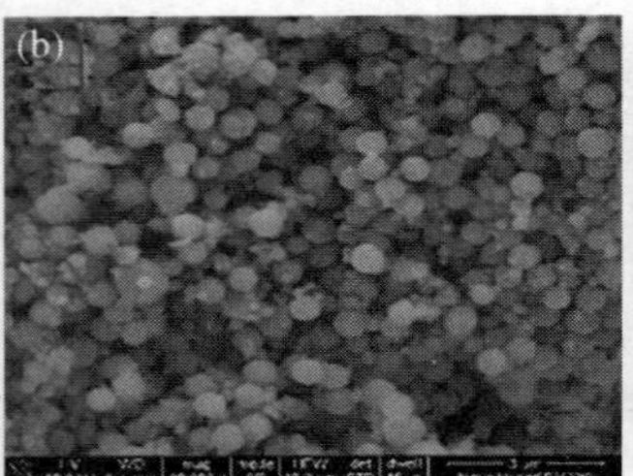

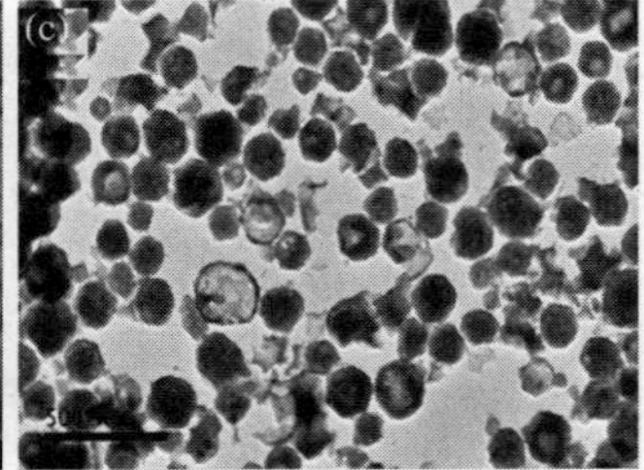

图 6-5　H_3PW (a)、$Ag_1(NH_4)_2PW_{12}O_{40}$(b)催化剂样品的扫描电镜图及 $Ag_1(NH_4)_2PW_{12}O_{40}$(c)的透射电镜图

Figure 6-5　SEM images of pristine H_3PW (a) and $Ag_1(NH_4)_2PW_{12}O_{40}$(b), and TEM images of the $Ag_1(NH_4)_2PW_{12}O_{40}$(c)

6.2.3 酯化反应条件的优化

(1) 反应时间对转化率的影响

在油酸与甲醇摩尔比为1∶10,催化剂用量为250 mg,反应温度为70℃时,研究不同反应时间(1.0～7.0 h)对油酸与甲醇酯化反应的影响,见图6-6 (a)。由图6-6 (a)可知,在反应时间为1.0～4.0 h过程中,随着反应时间的增加,油酸的转化率也随之增加,当反应时间为4.0 h时,反应转化率达到96.1%,继续增加反应时间,反应转化率没有明显变化,反应趋近动态平衡。因此,反应时间为4.0 h较为适宜。

(2) 催化剂用量对转化率的影响

在油酸与甲醇摩尔比为1∶10于70℃条件下反应4 h,考察了不同催化剂用量(0, 50, 100, 150, 200, 250, 300, 350 mg)对油酸与甲醇酯化反应的影响,见图6-6 (b)。从图6-6 (b)中可以看出,无催化剂时,油酸的转化率较低;当催化剂的用量逐渐增加时,油酸转化率也随之逐渐增加。当催化剂用量达到250 mg时,油酸转化率最高,继续增加催化剂的用量,油酸转化率略有下降。所以,最佳催化剂用量为250 mg。

(3) 反应温度对转化率的影响

在上述反应条件优化的基础上考察了不同反应温度(20℃、30℃、40℃、50℃、60℃、70℃)对油酸与甲醇的酯化反应,结果见图6-6 (c)。由图6-6 (c)可知,反应温度对转化率的影响较大,而当温度提高到70℃时,转化率达最高,继续增加温度可能导致更多的甲醇挥发,转化率降低。因此,70℃为最佳的反应温度。

(4) 油酸与甲醇摩尔比对转化率的影响

众所周知,油酸与甲醇的酯化反应是可逆反应,过量的甲醇添加量可有效促使酯化反应向正向进行。因此,油酸与甲醇的摩尔比对反应的转化率具有较大的影响。将250 mg的$Ag_1(NH_4)_2PW_{12}O_{40}$在油酸与甲醇摩尔比分别为1∶2、1∶6、1∶10、1∶14、1∶18于70℃条件下反应4.0 h,考察了油酸与甲醇摩尔比对酯化反应的影响,结果见图6-6 (d)。从图6-6 (d)可知,随着甲醇添加量的增加,油酸转化率是逐渐增加,当油酸与甲醇摩尔比为1∶10时,转化率达到最高;继续增加甲醇的添加量,转化率无明显增加,反而有所下降。所以,为了节约成本,选择油酸与甲醇摩尔比为1∶10为宜。

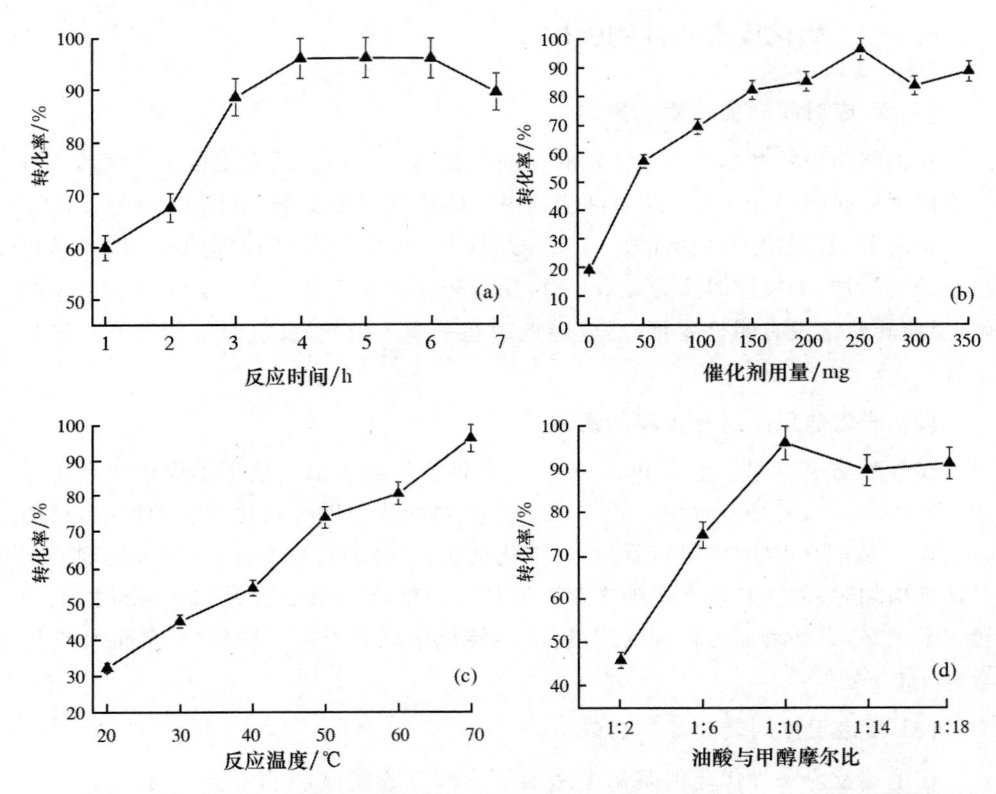

图 6-6　各因素对酯化反应的影响 (a)反应时间对酯化反应的影响;(b)催化剂用量对酯化反应的影响;(c) 反应温度对酯化反应的影响;(d) 油酸与甲醇摩尔比对酯化反应的影响

Figure 6-6　Effects of time (a), catalyst amount (b), temperature (c) and molar ratio (d) on the oleic acid esterification conversion

(5) 催化剂重复使用性能研究

每次酯化反应后,回收得到的催化剂直接用于下一次酯化反应,图 6-7 为 $Ag_1(NH_4)_2PW_{12}O_{40}$催化剂重复使用 4 次酯化反应催化效果图。由图 6-7 可知,转化率从第 1 次的 96.1%到第 4 次的 56.0%,转化率有所降低,分析其原因可能由于反应过程中催化剂上的活性位点可能被阻塞、少部分活性组分流失于反应体系及分离回收催化剂时催化剂有所损失。对比 $Ag_1(NH_4)_2PW_{12}O_{40}$与回收的催化剂进行了 FT-IR 表征(图 6-8),由表征结果可知,回收的催化剂的 FT-IR 谱图类似于新的催化剂的 FT-IR 谱图,表明经酯化反应后 $Ag_1(NH_4)_2PW_{12}O_{40}$催化剂保持了一个较为稳定的结构。

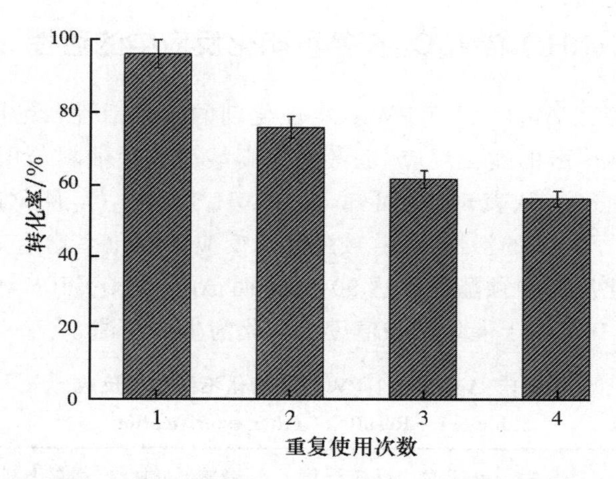

图 6-7　$Ag_1(NH_4)_2PW_{12}O_{40}$ 催化剂的重复使用性

Figure 6-7　Reusability study of mesoporous $Ag_1(NH_4)_2PW_{12}O_{40}$ catalyst

反应条件：油酸与甲醇摩尔比为 1∶10、催化剂用量为 250 mg、反应温度为 70℃、反应时间 4 h

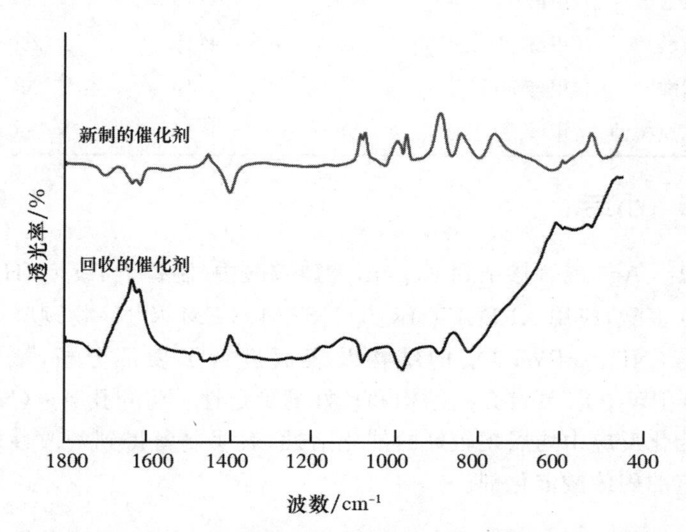

图 6-8　新 $Ag_1(NH_4)_2PW_{12}O_{40}$ 催化及回收催化剂 FT-IR 谱图

Figure 6-8　FT-IR spectra of fresh $Ag_1(NH_4)_2PW_{12}O_{40}$ catalyst and reused catalyst

6.2.4 $Ag_1(NH_4)_2PW_{12}O_{40}$在各种酯化反应中的活性

为了进一步探究 $Ag_1(NH_4)_2PW_{12}O_{40}$ 催化剂的催化活性，设计考察了不同碳链长度的 FFAs 与甲醇的酯化反应，也考察了高酸值非粮油料与甲醇的预酯化反应，实验结果见表 6-1。从表 6-1 中可知，$Ag_1(NH_4)_2PW_{12}O_{40}$ 催化剂酯化、预酯化反应中，均表现出了较高的活性，长链羧酸酯化反应中酯化率均达 70％以上，高酸值非粮油料预酯化反应中预酯化率达 90％，说明 $Ag_1(NH_4)_2PW_{12}O_{40}$ 适用于各种类型酯化反应，且有望用于催化高酸值废油转化为生物柴油。

表 6-1 $Ag_1(NH_4)_2PW_{12}O_{40}$ 催化不同酯化反应

Table 6-1 Results of other esterification

序号	脂肪酸(油)	低碳醇	反应时间/h	反应温度/℃	长链羧酸(油)/甲醇(摩尔比)	催化剂用量/mg	转化率/%
1	油酸	甲醇	4	70	1∶10	250	96.1
2	月桂酸	甲醇	4	70	1∶10	250	88.1
3	肉豆蔻酸	甲醇	4	70	1∶10	250	90.0
4	软脂酸	甲醇	4	70	1∶10	250	80.4
5	硬脂酸	甲醇	4	70	1∶10	250	76.0
6	粗麻疯树油	甲醇	4	70	1∶10	250	90.7

6.2.5 小结

将 NH_4^+、Ag^+ 混合掺杂到 Keggin 型磷钨酸中，制备了 $Ag_1(NH_4)_2PW_{12}O_{40}$ 混合掺杂改性多酸，应用 XRD、FT-IR、TG、SEM、TEM 及 N_2-物理吸附脱附等技术手段对 $Ag_1(NH_4)_2PW_{12}O_{40}$ 的结构及表面进行了表征分析，表征数据显示，$Ag_1(NH_4)_2PW_{12}O_{40}$ 具有介孔结构和较好的稳定性。将介孔 $Ag_1(NH_4)_2PW_{12}O_{40}$ 应用各种酯化反应中均展现较好的催化活性，表明制备得到的改性多酸是一种适用范围较广的固体酸催化剂。

[1] Zhang Q Y, Wei F F, Li Q, et al. Mesoporous $Ag_1(NH_4)_2PW_{12}O_{40}$ heteropolyacids

as effective catalysts for the esterification of oleic acid to biodiesel [J]. *RSC Advances*, 2017, 7(81): 51090-51095.

[2] Doyle A M, Albayati T M, Abbas A S, et al. Biodiesel production by esterification of oleic acid over zeolite Y prepared from kaolin [J]. *Renewable Energy*, 2016, 97: 19-23.

[3] Raveendra G, Rajasekhar A, Srinivas M, et al. Selective etherification of hydroxymethylfurfural to biofuel additives over Cs containing silicotungstic acid catalysts [J]. *Applied Catalysis A: General*, 2016, 520: 105-113.

[4] Nyman M, Bonhomme F, Alam T M, et al. $[SiNb_{12}O_{40}]^{-}_{16}$ and $[GeNb_{12}O_{40}]^{-}_{16}$: Highly Charged Keggin Ions with Sticky Surfaces [J]. *Angewandte Chemie International Edition*, 2004, 43(21): 2787-2792.

[5] Zhang D Y, Duan M H, Yao X H, et al. Preparation of a novel cellulose-based immobilized heteropoly acid system and its application on the biodiesel production [J]. *Fuel*, 2016, 172: 293-300.

[6] Gawade A B, Tiwari M S, Yadav G D. Biobased green process: Selective hydrogenation of 5-hydroxymethyl furfural (HMF) to 2, 5 dimethyl furan (DMF) under mild conditions using Pd-$Cs_{2.5}H_{0.5}PW_{12}O_{40}$/K-10 clay [J]. *ACS Sustainable Chemistry and Engineering*, 2016, 4(8): 4113-4123.

[7] Santos J S, Dias J A, Dias S C L, et al. Acidic characterization and activity of $(NH_4)_xCs_{2.5-x}H_{0.5}PW_{12}O_{40}$ catalysts in the esterification reaction of oleic acid with ethanol [J]. *Applied Catalysis A: General*, 2012, s 443-444(41): 33-39.

6.3 铁掺杂Keggin多酸的制备及催化性能研究

本小节以氯化铁、Keggin型磷钼酸(H_3PMo)为原料通过离子交换法制备了一系列磷钼酸铁盐，应用XRD、FT-IR、TG及SEM等技术手段对催化剂的结构和表面进行了表征分析。将制备得到的催化剂用于催化油酸与甲醇的酯化反应合成生物柴油，采用单因素实验法和响应面法研究了催化剂用量、油酸与甲醇摩尔比、反应时间及温度对酯化反应的影响(Zhang,2019)。

6.3.1 催化剂制备方法

参照已报道的文献(Gong,2014;Zhu,2013)，用分析天平称取一定量的磷钼酸溶于 50 mL 的单口烧瓶中，加入去离子水搅拌至完全溶解，而后向单口烧瓶中逐滴加入一定量的氯化铁溶液，室温搅拌 1 h；随后在 70℃油浴锅中加热搅拌 3 h，冷却静止陈化 1 h 后，过滤，洗涤，放入电热鼓风干燥箱内 110℃干燥 12 h 后放入干燥器中备用，即得到一系列 Fe 改性的磷钼酸，可标记为 $Fe_{1/3}H_2PMo$、$Fe_{2/3}H_2PMo$、Fe_1PMo。制备反应方程式如下：

$$FeCl_3 + H_3PMo_{12}O_{40} \rightarrow Fe_{x/3}H_{3-x}PW_{12}O_{40} + x\ HCl \qquad x = 1, 2, 3$$

6.3.2 催化剂表征

(1) X-射线粉末衍射(XRD)分析

图 6-9(a)为 H_3PMo、$Fe_{1/3}H_2PMo$、$Fe_{2/3}H_2PMo$、Fe_1PMo 的 XRD 谱图。由图 6-9(a)可知，对于纯的磷钼酸，衍射角 2θ 在 7.6°、8.8°、25.9°、26.7°、28.0°、32.2°、35.0° 处可观察到其特征吸收峰，可归属为 Keggin 型阴离子的体心立方二级结构的特征衍射峰。当铁取代磷钼酸中的氢原子后，$Fe_{1/3}H_2PMo$、$Fe_{2/3}H_2PMo$、Fe_1PMo 仍可观察到属于 Keggin 型结构的特征衍射峰，表明 3 个掺杂磷钼酸催化剂仍然保持了磷钼酸的 Keggin 型结构。有趣的是，3 个催化剂在 2θ 为 20.0°、33.0° 处可以观察到特征衍射峰，可归属为 Fe^{3+} 的特征衍射峰，与文献报道一致（Tian，2017；Baskar，2016；Ausavasukhi，2014；Villabrille，2007）。另外，3 个催化剂与纯磷钼酸的 XRD 谱图对比，其同一位置的衍射峰增强变宽的趋势明显，表明金属阳离子与磷钼酸在合成过程中发生了相互作用，有新的化学键生成。

(2) 傅立叶红外光谱(FT-IR)分析

图 6-9(b)为 H_3PMo、$Fe_{1/3}H_2PMo$、$Fe_{2/3}H_2PMo$、Fe_1PMo 的 FT-IR 谱图。4 个样品在 700～1100 cm^{-1} 内均出现了 4 个典型的 Keggin 型结构特征峰，1064 cm^{-1} 处为 P-O 的吸收振动峰，963 cm^{-1} 处为 Mo＝O(O 为骨架中的末端氧）的吸收振动峰，874 cm^{-1} 处为 Mo-Oc-Mo 的吸收振动峰，788 cm^{-1} 处为 Mo-Oe-Mo 的吸收振动峰。另外，对比 $Fe_{1/3}H_2PMo$、$Fe_{2/3}H_2PMo$、Fe_1PMo 3 个样品，Fe_1PMo 的吸收峰强度明显低于其他两个样品，这可能是由于铁离子全部取代磷钼酸中的氢离子的过程中存在铁离子与金属氧簇强相互作用（Gong，2014；Silva，2016）。基于以上分析可知，磷钼酸掺杂铁后，Keggin 型结构得以较好的保留。

在甲醇与油酸摩尔比为 10∶1、5 wt.％的催化剂用量、70℃反应 3 h 的催化条

件下，考察了 $Fe_{1/3}H_2PMo$、$Fe_{2/3}H_2PMo$、Fe_1PMo 3 个催化剂的催化性能。结果显示，$Fe_{1/3}H_2PMo$、$Fe_{2/3}H_2PMo$、Fe_1PMo 催化油酸与甲醇的酯化反应，其转化率分别为 87.5%、89.8%、89.2%，表明部分取代或全部取代磷钼酸中的氢离子对于催化活性差别不大。考虑到催化剂的简易制备，Fe_1PMo 催化剂被选为后续研究对象。

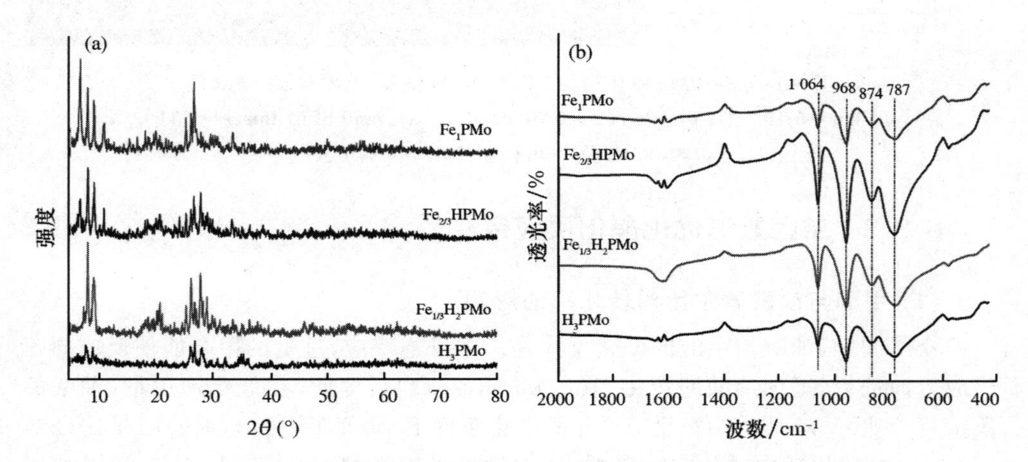

图 6-9 铁(Ⅲ)改性磷钼酸的 XRD(a)及 FT-IR(b)谱图

Figure 6-9 Power XRD patterns (a), and (b) FT-IR spectra of iron(Ⅲ)-doped H_3PMo

(3) 热重(TG)分析

图 6-10(a)为 Fe_1PMo 催化剂热重分析图，从图 6-10(a)中可以看出，40～400℃有一个明显的失重(13.1%)，这是由于催化剂表面的吸附水及结晶水(H_3O^+)受热蒸发；超过 400℃后，没有观察到明显的失重，说明 Fe_1PMo 催化剂表现出较高的热稳定性，分析结果相似于文献中报道的杂多酸基固体酸催化剂(Prado，2018；Wang，2017；Wang，2016)。

(4) 扫描电子显微镜(SEM)

图 6-10(b-c)为 H_3PMo (b)及 Fe_1PMo (c)催化剂的扫描电镜图。从图 6-10(b-c)中可知，H_3PMo 与 Fe_1PMo 在表面上有较大的区别。H_3PMo 的扫描电镜图呈现表面粗糙不规则的块状结构，而经铁掺杂后的 H_3PMo，表现为多层片状堆积结构，且为立方形状，部分片状结构有破裂。推测表面的改变可能是由于铁离子交换磷钼酸氢离子后造成。

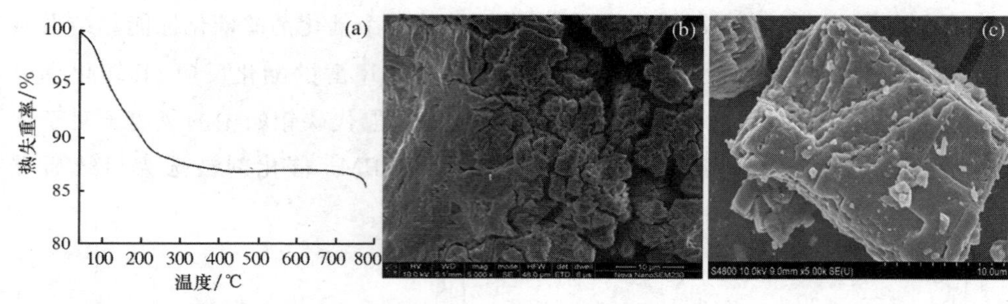

图 6-10　Fe_1PMo 催化剂的 TG 图、SEM 图及 H_3PMo 的 SEM 图

Figure 6-10　TG profile of Fe_1PMo catalyst (a), and SEM images of (b) pristine H_3PMo and (c) Fe_1PMo catalyst

6.3.3　单因素法优化酯化反应条件

(1) 甲醇与油酸摩尔比对转化率的影响

众所周知,油酸与甲醇的酯化反应是一个可逆反应,过量的甲醇能使反应向正反应方向进行,增加油酸的转化率(Lokman,2014)。为此,在催化剂用量(油酸的质量百分比)5 wt.%、70℃反应 3 h 的催化条件下,研究了甲醇与油酸摩尔比(2∶1 至 18∶1)对酯化反应转化率的影响,研究结果见图 6-11(a)。首先,甲醇用量的增加使得油酸的转化率逐渐增加;当甲醇与油酸的摩尔比达到 10∶1后,继续增加甲醇在酯化反应体系中的含量,油酸转化率稍有下降。因此,本工作应选择的甲醇与油酸摩尔比为 10∶1。

(2) 催化剂用量对转化率的影响

在甲醇与油酸摩尔比为 10∶1、70℃反应 3 h 的催化条件下,研究了催化剂用量(0～6 wt.%)对酯化反应转化率的影响,测试结果见图 6-11(b)。由图 6-11(b)可知,酯化反应体系中催化剂用量的不断增多,油酸的转化率也随之增加;当催化剂用量达5 wt.%,油酸转化率达 89.2%,再继续提高反应体系中催化剂的用量,油酸的转化率保持稳定。这可能是由于过量的催化剂在反应体系中会聚集,从而影响活性位在反应体系中的分散(Wan,2015)。因此,本工作应选择固体酸催化剂 Fe_1PMo 的用量为 5 wt.%。

(3) 反应温度对转化率的影响

在甲醇与油酸摩尔比为 10∶1、催化剂用量为 5 wt.%的催化条件下反应 3 h,系统考察了不同反应温度(20～70℃)对酯化反应转化率的影响,测试结果见图 6-11(c)。反应温度较低时,油酸转化率较低,随着反应温度的升高,油酸的转化率

也随之增加，反应温度为 70℃时，转化率为 89.2%；继续增加温度可能导致更多的甲醇挥发，致使转化率降低。因此，70℃为最佳的反应温度。

(4) 反应时间对转化率的影响

在 5 wt.%的催化剂用量(油酸的质量百分比)、反应温度 70℃、甲醇与油酸摩尔比为 10∶1的催化条件下，探讨了反应时间(0.5～7 h)对酯化反应转化率的影响，测试结果见图 6-11(d)。由图 6-11(d)可知，不断增加体系的反应时间会使得油酸的转化率逐渐提高，反应时间从 0.5 h 增加到 3 h 时，油酸的转化率由 58.6%增加到 89.2%。但当达到 3 h 的反应时间后，继续延长体系的反应时间，油酸的转化率则稍有降低，这可能是由于酯化反应体系达到平衡状态，产物的转化率保持稳定。因此，本工作应选择的反应时间为 3 h。

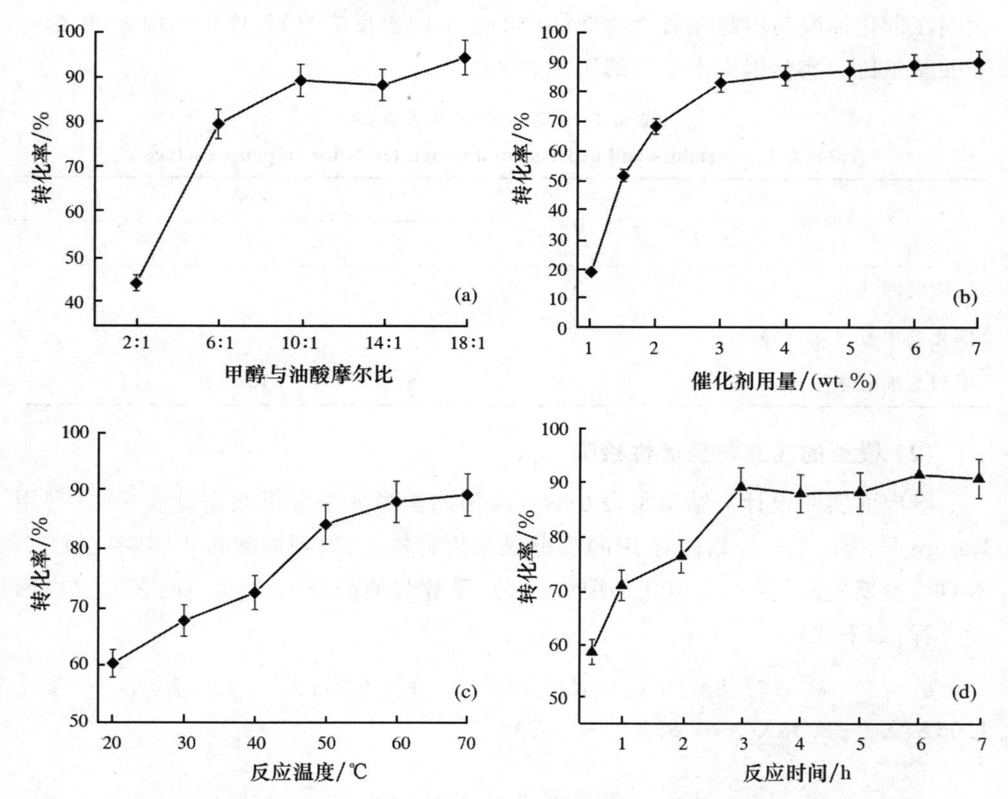

图 6-11 各因素对酯化反应的影响 (a)油酸与甲醇摩尔比对酯化反应的影响；(b)催化剂用量对酯化反应的影响；(c)反应温度对酯化反应的影响；(d)反应时间对酯化反应的影响

Figure 6-11 Effects of molar ratio (a), catalyst dosage (b), temperature (c), and time (d) on the oleic acid conversion

6.3.4 响应曲面设计法优化酯化反应条件

响应曲面设计法(Response Surface Methodology,RSM)是一种优化工艺条件的有效方法。通过合理的设计,可考察一个或多个响应变量与一系列实验变量之间的关系,确定实验因素及其各变量间的交互作用在工艺过程中对指标响应值的影响,表述为因素和响应值之间的关联关系。在因素相同的情况下,Box-Benhnken Design (BBD) 试验的试验组合数比中心复合设计法少,因而更经济。

(1) 实验因素与水平的确定

在单因素实验的基础上,选择响应曲面设计法中的 BBD 法来优化 Fe_1PMo 催化剂在催化油酸与甲醇制备生物柴油中的 3 个因素反应时间、催化剂用量、甲醇与油酸摩尔比。实验因素水平及编码见表 6-2。

表 6-2 实验因素水平及编码

Table 6-2 Variables and experimental design levels for response surface

因素	编码	水平		
		−1	0	1
反应时间/h	X_1	2	3	4
催化剂用量/(wt. %)	X_2	3	4	5
甲醇与油酸摩尔比	X_3	6	10	14

(2) 模型的建立与显著性检验

响应面实验设计与结果见表 6-3,实验回归模型方差分析数据见表 6-4。利用 Design-Expert 8.0.6 软件对 BBD 实验结果进行拟合,得到油酸转化率响应值(C)对自变量反应时间(X_1)、催化剂用量(X_2)、甲醇与油酸摩尔比(X_3)的多元二次回归方程,如下式:

$$C = 90.44 + 3.58X_1 + 0.91X_2 + 7.76X_3 + 0.17X_1X_2 + 1.02X_1X_3 - 1.05X_2X_3 - 2.45X_1^2 + 0.83X_2^2 - 6.02X_3^2$$

表 6-3 RSM Box-Behnken 设计及响应值表

Table 6-3 Experimental and predicted the oleic acid conversion using RSM Box-Behnken design

实验编号	X_1	X_2	X_3	转化率/%	
				实验值	预测值
1	−1	−1	0	84.70	84.51
2	1	−1	0	91.60	91.31
3	−1	1	0	85.70	85.99
4	1	1	0	93.30	93.49
5	−1	0	−1	72.50	71.66
6	1	0	−1	77.50	76.76
7	−1	0	1	84.40	85.14
8	1	0	1	93.50	94.34
9	0	−1	−1	74.50	75.53
10	0	1	−1	78.90	79.45
11	0	−1	1	93.70	93.15
12	0	1	1	93.90	92.88
13	0	0	0	90.60	90.44
14	0	0	0	90.40	90.44
15	0	0	0	89.30	90.44
16	0	0	0	90.20	90.44
17	0	0	0	91.70	90.44

通过响应面实验方差分析，得到多元二次回归方程模型的拟合度和显著性，结果列于表 6-4。从表 6-4 中可知，该模型具有高度的显著性 $P<0.0001$，失拟项 $P=0.2047>0.05$，说明失拟度不显著，回归系数 $R^2=0.9894$，校正决定系数 R^2adj $=0.9758>0.8$，说明多元二次回归方程模型能较好地描述实验结果，且回归方程拟合度和可信度均较高，能够用来分析和预测 Fe_1PMo 催化剂催化油酸与甲醇制备生物柴油的转化率。另外，在反应时间、催化剂用量、甲醇与油酸摩尔比 3 个因素中，甲醇与油酸摩尔比的 F 值最大，反应时间其次，催化剂用量最小，说明 3 个影响因素对酯化反应转化率的影响顺序为甲醇与油酸摩尔比＞反应时间＞催化剂用量。表 6-4 中，一次项 X_1、X_3 和二次项 X_1^2、X_3^2 的 P 值＜0.05，说明因素显著；一次项 X_2 和二次项 X_1X_2、X_1X_3、X_2X_3、X_2^2 的 P 值＞0.05，说明因素不显著。

表 6-4 回归模型方差分析

Table 6-4 Analysis of ANOVA for response surface second-order model

类型	平方和	自由度	均方	F 值	P	
模型	785.04	9	87.23	72.65	<0.0001	显著
X_1	102.25	1	102.25	85.16	<0.0001	
X_2	6.66	1	6.66	5.55	0.0507	
X_3	482.05	1	482.05	401.49	<0.0001	
X_1X_2	0.12	1	0.12	0.10	0.7587	
X_1X_3	4.20	1	4.20	3.50	0.1035	
X_2X_3	4.41	1	4.41	3.67	0.0968	
X_1^2	25.17	1	25.17	20.96	0.0025	
X_2^2	2.90	1	2.90	2.42	0.1641	
X_3^2	152.59	1	152.59	127.09	<0.0001	
残差	8.40	7	1.20			
失拟误差	5.43	3	1.81	2.44	0.2047	不显著
纯误差	2.97	4	0.74			
总误差	793.44	16				

注：R^2pred=0.8846，R^2adj=0.9758，R^2=0.9894. $P\leqslant0.0001$,为高度显著,$P\leqslant0.05$,为显著,$P>0.05$,为不显著。

(3) 响应面分析

通过模型建立不同因素之间相互作用的响应面,见图 6-12(a-c)。由图 6-12(a)可知,反应的催化剂用量不变时,增加反应时间,油酸转化率减少,这是由于酯化反应是可逆反应,时间延长可能发生了逆向反应;同时,反应时间对转化率的影响较催化剂用量的大。从图 6-12(b)能够发现,保持催化剂用量不变时,增加反应时间和甲醇与油酸摩尔比,油酸转化率都随之增加,说明反应时间和甲醇与油酸摩尔比对油酸的转化率均有积极的影响;然而,它也能观察到过多增加甲醇与油酸摩尔比,油酸转化率略有下降,这是由于过量甲醇的使用,可能会导致催化剂在反应体系中的活性位相对减少(Wang,2018)。从图 6-12(c)也能够发现,使用过量的甲醇对油酸的转化率也有较大的影响。

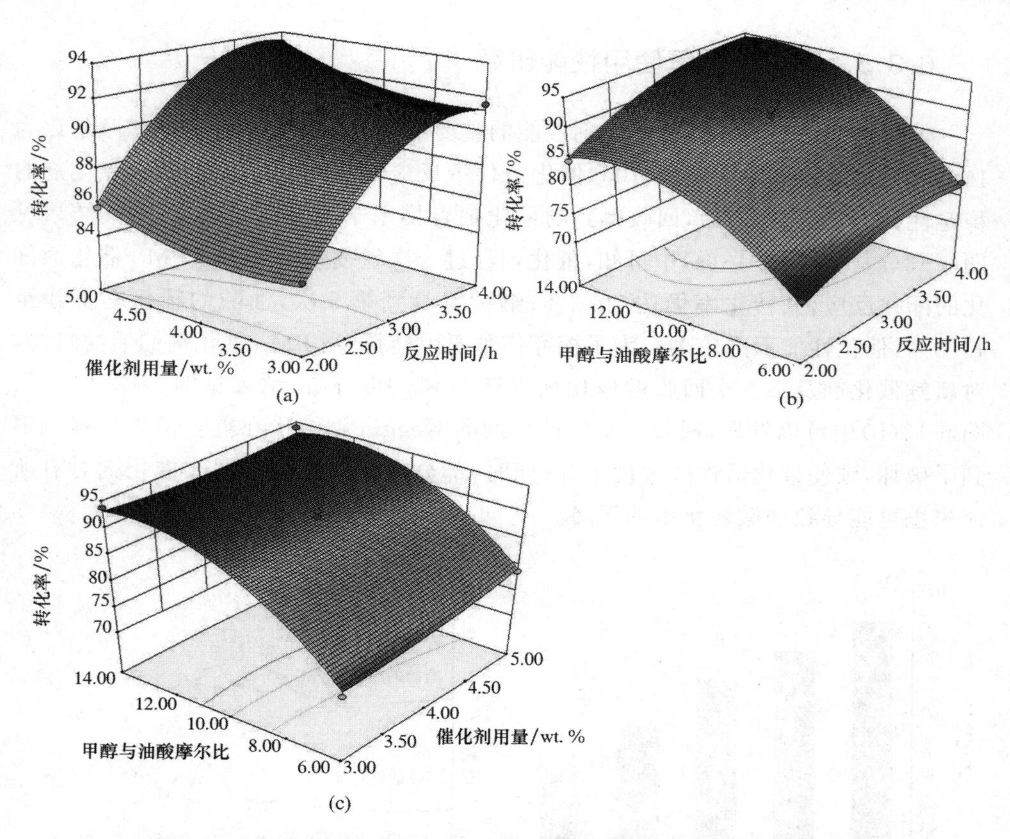

图 6-12 各因素影响油酸与甲醇酯化反应转化率的 3D 响应曲面图

Figure 6-12 Three-dimensional response surface plots for esterification of oleic acid with methanol with varying reaction parameters

(4) 验证性试验

通过 Design-Expert 8.0.6 软件，对 3 个因素进行优化，得到 Fe_1PM 催化剂催化油酸与甲醇制备生物柴油的最适条件：甲醇与油酸摩尔比为 12.54，反应时间为 3.9 h，催化剂用量为 5.0 wt.%，油酸转化率的预测值为 95.99%，基于对响应面模型可靠性的研究，对上述得到的最适条件进行了 3 次平行对照实验，其油酸转化率平均值为 95.1%，与预测值相差较小，说明通过该模型优化得到的油酸与甲醇酯化反应条件准确可靠，具有一定的实际参考价值。

6.3.5 催化剂重复使用性能研究

催化剂的稳定性是评价催化剂性能的重要参数之一。在甲醇与油酸摩尔比为10∶1、5 wt.%的催化剂用量、70℃催化条件下反应 3 h,考察了 Fe_1PMo 催化剂的稳定性,每次酯化反应后,回收得到的催化剂直接用于下一次酯化反应,其结果见图 6-13(a)。从图 6-13(a)中可知,催化剂经过 3 次重复使用后,Fe_1PMo 催化剂催化的酯化反应,其转化率仍达 70.2%;继续重复到第 5 次,油酸的转化率下降至41.5%,催化性能下降较多。为了探究何种原因使得 Fe_1PMo 催化剂的活性减弱,对新鲜催化剂及第 5 次回收的催化剂进行了 FT-IR 分析,结果见图 6-13(b)。从图 6-13(b)中可以发现,回收回来的催化剂的 Keggin 型结构在重复使用过程中遭到了破坏,致使催化活性大幅度下降;同时,部分催化剂在分离回收催化剂时有所流失也可能导致油酸转化率的下降。

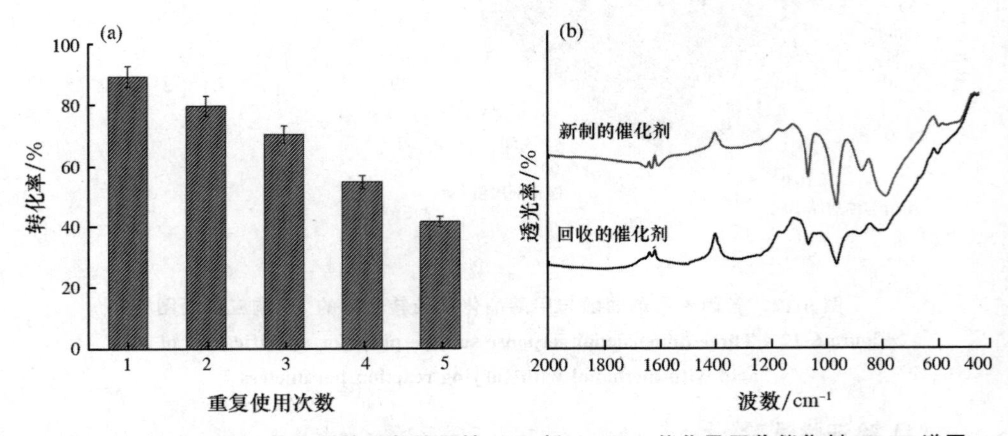

图 6-13 (a) Fe_1PMo 催化剂的重复使用性;(b) 新 Fe_1PMo 催化及回收催化剂 FT-IR 谱图

Figure 6-13 Reuse of the catalyst (a); the comparison of FT-IR spectra of fresh catalyst and reused catalyst (b)

6.3.6 Fe_1PMo 催化剂在各种酯化反应中的活性

研究了 Fe_1PMo 催化不同碳链长度的脂肪酸及高酸值粗麻疯树油与甲醇的酯化反应。结果显示,月桂酸、肉豆蔻酸、软脂酸、硬脂酸与甲醇反应,其转化率分别为 92.4%、89.1%、92.7%、90.9%;粗麻疯树油与甲醇的酯化反应,转化率为90.6%,由此可以看出,Fe_1PMo 催化剂不仅在不同碳链脂肪酸的酯化反应中表现

出高的催化活性，也在高酸值油料中表现出高的活性。因此，固体酸 Fe_1PMo 催化剂有望用于工业上催化各种油料转化制备生物柴油。

6.3.7　小结

将 Fe^{3+} 掺杂到 Keggin 型磷钼酸中，制备了一系列 Fe^{3+} 掺杂多酸，应用 XRD、FT-IR、TG、SEM 等技术手段对得到的掺杂多酸的结构及表面进行了表征分析，表征数据显示，Fe^{3+} 在掺杂磷钼酸过程中较好地保留了磷钼酸的 Keggin 型结构，且具有较好的稳定性。将一系列 Fe^{3+} 掺杂的磷钼酸应用酯化反应中，Fe_1PMo 催化剂展现了较好的催化活性。另外，以 Fe_1PMo 为催化剂，运用响应面法优化了各影响因素对酯化反应转化率的影响，结果表明，各影响酯化反应因素经优化后，在最优条件下，油酸的转化率能达 95.1％。

参考文献

[1] Zhang Q Y, Yue C Y, Pu Q L, et al. Facile synthesis of ferric-modified phosphomolybdic acid composite catalysts for biodiesel production with response surface optimization [J]. *ACS Omega*, 2019, 4: 9041-9048.

[2] Gong S W, Jing L, Wang H H, et al. Biodiesel production via esterification of oleic acid catalyzed by picolinic acid modified 12-tungstophosphoric acid [J]. *Applied Energy*, 2014, 134: 283-289.

[3] Zhu S H, Gao X Q, Dong F, et al. Design of a highly active silver-exchanged phosphotungstic acid catalyst for glycerol esterification with acetic acid [J]. *Journal of Catalysis*, 2013, 306: 155-163.

[4] Tian Z P, Wang C G, Si Z, et al. Fischer-Tropsch synthesis to light olefins over iron-based catalysts supported on $KMnO_4$ modified activated carbon by a facile method [J]. *Applied Catalysis A: General*, 2017: 541, 50-59.

[5] Baskar G, Soumiya S. Production of biodiesel from castor oil using iron (Ⅱ) doped zinc oxide nanocatalyst [J]. *Renewable Energy*, 2016, 98: 101-107.

[6] Ausavasukhi A, Sooknoi T. Oxidation of tetrahydrofuran to butyrolactone catalyzed by iron-containing clay [J]. *Green Chemistry*, 2014, 17: 435-441.

[7] Villabrille P, Romanelli G, Gassa L, et al. Synthesis and characterization of Fe- and Cu-doped molybdovanadophosphoric acids and their application in

catalytic oxidation [J]. *Applied Catalysis A*: *General*, 2007, 324: 69-76.

[8] Silva M J D, Liberto N A, Leles L C D A, et al. $Fe_4(SiW_{12}O_{40})_3$-catalyzed glycerol acetylation: synthesis of bioadditives by using highly active Lewis acid catalyst [J]. *Journal of Molecular Catalysis A*: *Chemical*, 2016, 422: 69-83.

[9] Prado R G, Bianchi M L, Mota E G D, et al. $H_3PMo_{12}O_{40}$/agroindustry waste activated carbon-catalyzed esterification of lauric acid with methanol: A renewable catalytic support [J]. *Waste and Biomass Valorization*, 2018, 9: 669-679.

[10] Wang H H, Liu L J, Gong S W. Esterification of oleic acid to biodiesel over a 12-phosphotungstic acid-based solid catalyst [J]. *Journal of Fuel Chemistry Technology*, 2017, 45: 303-310.

[11] Wang C L, Bu X N, Ma J W, et al. Wells-Dawson type $Cs_{5.5}H_{0.5}P_2W_{18}O_{62}$ based Co/Al_2O_3 as binfunctional catalysts for direct production of clean-gasoline fuel through Fischer-Tropsch synthesis [J]. *Catalysis Today*, 2016, 274: 82-87.

[12] Lokman I M, Rashid U, Zainal Z, et al. Microwave-assisted biodiesel production by esterification of palm fatty acid distillate [J]. *Journal of Oleo Science*, 2014, 63: 849-855.

[13] Wan H, Wu Z W, Chen W, et al. Heterogenization of ionic liquid based on mesoporous material as magnetically recyclable catalyst for biodiesel production [J]. *Journal of Molecular Catalysis A*: *Chemical*, 2015, 398: 127-132.

[14] Wang Y Q, Zhao D, Wang L L, et al. Immobilized phosphotungstic acid based ionic liquid: Application for heterogeneous esterification of palmitic acid [J]. *Fuel*, 2018, 216: 364-370.

第7章　MOFs材料封装多酸复合催化剂的制备及其催化制备生物柴油

在第6章中，掺杂杂多酸盐虽在一定程度上改善了难以回收循环利用的问题，但在实际应用中，还是存在少部分多酸盐溶于反应体系、稳定性较差等缺点，还需进一步寻找合适的担载剂以设计、合成稳定性高的非均相多酸基催化材料。最近，SiO_2、TiO_2、活性炭等作为担载剂被应用于担载多酸，虽取得较好的催化效果，但担载的多酸大部分仅负载于载体的表面，负载量低，且载体与多酸之间的相互作用弱，致使担载的多酸在反应搅拌中易于脱落，稳定性较低。为此，如何设计合理的担载剂将多酸固定而不让多酸脱落具有重要的意义。

金属有机框架物(metal-organic frameworks, MOFs)，又称为金属-有机配位聚合物、配位聚合物，是由无机金属中心(金属离子或金属簇)与桥连的有机配体通过自组装相互连接，形成的一类具有周期性网络结构的晶态多孔材料，其兼有无机材料的刚性和有机材料的柔性特征，具有高比表面积、孔径可调、组分多样、表面易功能化等诸多优点，在现代材料研究方面呈现出巨大的发展潜力和诱人的发展前景(Fujie,2016;Wang,2014)。1995年Yaghi课题组首次报道了由金属离子Co^{2+}与有机配体均苯三甲酸配合而成的配位化合物，并将其命名为金属有机骨架材料，为此开创了MOFs的研究热潮(Yaghi,1995)。随后，Yaghi课题组(Li,1999)又在*Nature*杂志上首次报道了具有三维结构的多孔材料MOF-5，它是由Zn^{2+}和有机配体对苯二甲酸经配位而成，经研究，MOF-5材料表现出优异的多孔性能，在吸附等实际应用中相当广泛。2005年法国Férey课题组(Férey,2005)合成了具有超大孔特征、高热稳定性能的MIL-101材料。2008年，Yaghi课题组又首次利用咪唑、苯并咪唑等配体合成ZIFs系列化合物，并系统研究了其稳定性、气体吸附等性质(Wang,2008)。然而，尽管被研发出的MOFs材料种类众多，但目前已报道的大多数MOFs材料合成成本高、合成工艺复杂、孔径较小，限制了其从基础研究走

向实际的工业应用，因此，非常有必要开发出既能简化合成过程又能降低生产成本的 MOFs 材料合成新策略。2018 年沈葵小组经过精心设计，在《Science》杂志上首次提出了一种以聚苯乙烯小球（PS）三维结构为模板的合成策略，研制出了有序大/微孔 ZIF-8 单晶材料，且应用于苯甲醛和乙二腈的 Knoevenagel 缩合反应，其催化活性高于传统法制备的 ZIF-8 4 倍以上（Shen，2018）。最近，MOFs 材料由于其独特的结构和性质，在催化领域也得到了迅速的发展。然而，MOFs 虽存在一些活性位点（不饱和金属位点、配体上的官能团等），但传统的 MOFs 的催化活性位点并不是为了某一化学反应而专门引入，因此对某一特定的化学反应，往往表现出催化转化率不高、选择性低等缺点，极大地限制了其催化效率。为此，将某活性组分引入 MOFs 材料中则是同时获得高催化效率以及良好循环性能的一条捷径。

7.1 实验部分

(1) 主要试剂与仪器

氯化锆（AR），对苯二甲酸（AR），均苯三甲酸（AR），油酸（AR），月桂酸（AR），甲醇（AR），硅钨酸（$H_4SiW_{12}O_{40} \cdot nH_2O$，HSiW），磷钼酸（$H_3PMo_{12}O_{40}$，$H_3PMo$，AR），三水合硝酸铜[$Cu(NO_3)_2 \cdot 3H_2O$，AR]，六水合三氯化铁（$FeCl_3 \cdot 6H_2O$，AR），硬脂酸（AR），肉豆蔻酸（AR），软脂酸（AR），麻疯树原油（购自贵州罗甸），千金子原油（购自安徽亳州）。

RE-2000 型旋转蒸发仪，SHZ-Ⅲ型循环水真空泵，DF-101S 集热式恒温加热磁力搅拌器，电热恒温干燥箱。

催化剂表征仪器设备有：D/MAX-2000 型全自动 X-射线衍射仪，NETZSCH/STA 409 型同步热分析仪，VERTEX70 型傅立叶红外光谱仪，JEOL-6701F 型扫描电子显微镜，JEOL 2100F 型透射电子显微镜，ASAP 2020 型物理吸附仪。

(2) 酯化反应

在一个 50 mL 不锈钢高压反应釜中，加入一定量的月桂酸（油酸或非粮油料）和计算量的甲醇，然后加入适量的催化剂和磁力搅拌子放入油浴中，在设定温度下进行反应。反应结束后，立即从油浴中提出，自然冷却。减压抽滤回收催化剂，滤液用旋转蒸发仪进行蒸发，除去过量的甲醇和水得到产物。按国际 ISO 660—2009 标准测定产物酸值，并按照如下公式计算油酸转化率：

$$转化率=\frac{初始酸值 - 产物酸值}{初始酸值}\times 100\%$$

7.2 UiO-66 封装 Keggin 型硅钨酸的制备及催化性能研究

本小节通过一锅水热法制备了金属有机框架材料 UiO-66 封装 Keggin 型硅钨酸复合催化材料，应用 XRD、FT-IR、N_2-吸附脱附、SEM、TEM 及 TG 等技术手段对封装复合催化剂的结构和表面进行了表征分析，并将其用于月桂酸与甲醇的酯化反应制备生物柴油，采用单因素法和响应面法研究了催化剂用量、月桂酸与甲醇摩尔比、反应时间及温度对酯化反应的影响，对催化剂的稳定性也进行了评价；最后，对 UiO-66 封装 Keggin 型硅钨酸催化剂催化的酯化反应动力学进行了研究(Zhang，2019a)。

7.2.1 HSiW/UiO-66 催化剂的制备

参照已报道的文献(Wee，2009)，称取 0.51 g $ZrCl_4$ 和一定量的硅钨酸溶于 18 mL N，N-二甲基甲酰胺(DMF)中，随后加入 0.3275 g 对苯二甲酸，室温搅拌 3 h 后转至水热反应釜 120℃水热 6 h。反应结束后高压水热釜冷却至室温后离心收集样品，并用 DMF 及无水乙醇洗涤数次，得到的样品于 80℃干燥 24 h 后干燥器保存，标记为 HSiW/UiO-66。为了对比，未加硅钨酸的空白样品在同样的方法下进行制备，标记为 UiO-66。另外，制备的催化剂在使用前须在 120℃进行干燥处理。

7.2.2 催化剂表征

(1) X-射线粉末衍射(XRD)分析

图 7-1 (a)为 HSiW、UiO-66 及 HSiW/UiO-66 催化剂 XRD 谱图。由图 7-1 (a)可知，合成的 UiO-66 呈结晶态，且衍射角 2θ 在 7.2°、8.5°、12.1°、14.7°、17.2°、22.3°、25.7°、30.8°、33.3°归属为(111)、(002)、(022)、(113)、(004)、(115)、(224)、(046)、(137)衍射峰(Kandiah，2010)。引入硅钨酸后，HSiW/UiO-66 催化剂在 2θ 处出现了与 UiO-66 一样的特征衍射峰，但其衍射峰强度有所减弱，可能由于硅钨酸与 UiO-66 之间有相互作用力，对 UiO-66 骨架造成一定的影响(Ferey，2005)。另外，在 HSiW/UiO-66 催化剂的 XRD 谱图上没有明显观察到硅钨酸的特征衍射

峰,说明硅钨酸均匀分布在 UiO-66 载体骨架中。基于以上分析,可推测硅钨酸被封装于 UiO-66 载体材料的笼状结构里。

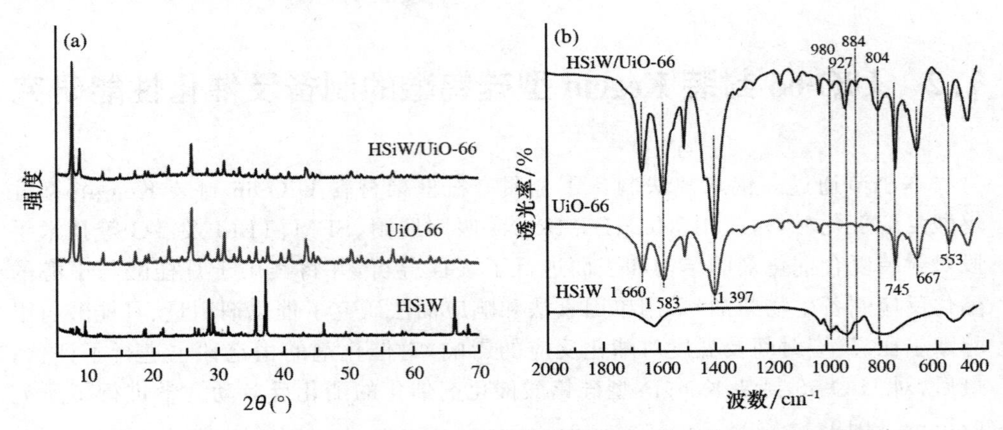

图 7-1 HSiW、UiO-66、HSiW/UiO-66 催化剂的 XRD(a)及 FT-IR(b)谱图

Figure 7-1 Power XRD patterns (a), and FT-IR spectra (b) of HSiW, UiO-66 and HSiW/UiO-66

(2) 傅里叶红外光谱(FT-IR)分析

图 7-1(b)为 HSiW、UiO-66 及 HSiW/UiO-66 催化剂的 FT-IR 谱图。HSiW 及 HSiW/UiO-66 催化剂均在 800~1000 cm^{-1} 出现了 4 个典型的Keggin 型结构特征峰,980 cm^{-1} 处为 W=O 的吸收振动峰,927 cm^{-1} 处为 Si-O 的吸收振动峰,884 cm^{-1} 处为 W-Oc-W 的吸收振动峰,804 cm^{-1} 处为 W-Oe-W 的吸收振动峰(Parida,2007)。另外,UiO-66 在 1660 cm^{-1} 处的特征峰为羧基中碳氧双键 C=O 的振动吸收,1583 cm^{-1} 和 1397 cm^{-1} 处为 O—C—O 的伸缩振动而引起的吸收峰,说明 UiO-66 中含有对苯二甲酸上的羧基;另外,745 cm^{-1} 和 667 cm^{-1} 处为对苯二甲酸上的 O—H 和 C—H 的振动吸收峰,553 cm^{-1} 处为 Zr-O 的特征振动峰,证实 UiO-66 中含有锆离子,说明成功合成了金属有机骨架材料 UiO-66(Tang,2014)。对比 UiO-66 及 HSiW/UiO-66 的红外光谱图,HSiW/UiO-66 呈现了 UiO-66 骨架的 6 个特征吸收峰,表明硅钨酸的引入没有改变载体 UiO-66 材料的骨架结构,进一步说明 UiO-66 材料具有优良的稳定性。

(3) N_2-吸附脱附分析

图 7-2 为 UiO-66 及 HSiW/UiO-66 样品的氮气吸附脱附等温线。由图 7-2 可知,UiO-66 及 HSiW/UiO-66 具有相似的氮气等温吸-脱附曲线,属于I型回滞环,表明两个样品上有微孔和介孔的复合结构,且引入硅钨酸后,UiO-66 材料的孔结构没

有遭到破坏。另外，UiO-66 的比表面积、孔体积、平均孔径分别为 667.2 m^2/g、0.431 cm^3/g、2.58 nm，而 HSiW/UiO-66 的比表面积、孔体积、平均孔径分别为 758.3 m^2/g、0.438 cm^3/g、2.3 nm，说明 HSiW/UiO-66 样品具有较高的比表面积，改善了其催化活性。然而，HSiW/UiO-66 样品的平均孔径小于 UiO-66 样品，这是由于硅钨酸的引入占据了部分孔道，这也证实了硅钨酸被封装于 UiO-66 材料的笼状结构里。

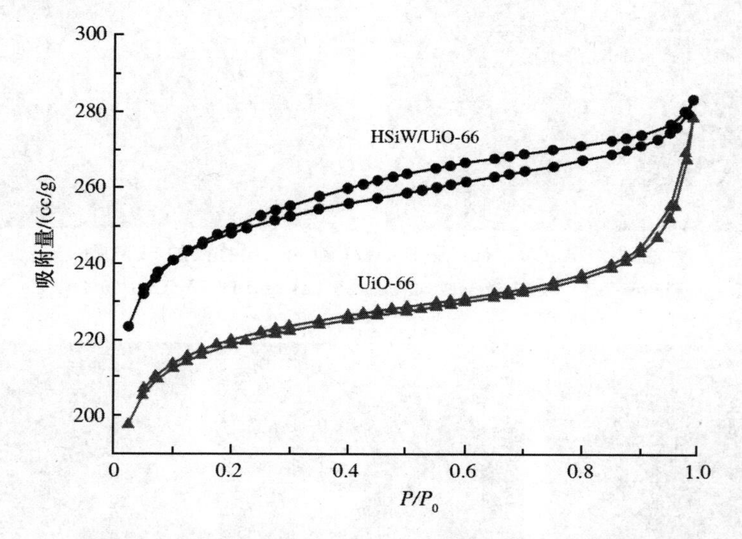

图 7-2 UiO-66 及 HSiW/UiO-66 样品的 N_2-吸附脱附图

Figure 7-2 N_2 adsorption-desorption isotherm of UiO-66 and HSiW/UiO-66

(4) 扫描电子显微镜(SEM)

图 7-3 为 UiO-66 (a)及 HSiW/UiO-66(b)催化剂的 SEM 图。从图 7-3 可知，UiO-66 的 SEM 谱图展示聚集的近球形晶体颗粒表面，且晶体尺寸约 200 nm。对比 HSiW/UiO-66 催化剂的 SEM 谱图可以发现，HSiW/UiO-66 的晶体颗粒也呈现近球形且均匀分布，晶体尺寸为 50～200 nm。说明封装硅钨酸后，HSiW/UiO-66 催化剂中存在较强的主客体之间相互作用，并且阻止了 UiO-66 晶体的聚集，较为有效地增大了催化剂的表面利用率。综上所述，UiO-66 材料引入硅钨酸后，其结构没有发生变化，说明 UiO-66 材料具有较高的结构稳定性。

(5) 透射电子显微镜(TEM)

图 7-4 为 UiO-66 (a) 及 HSiW/UiO-66 (b，c)催化剂的透射电镜图。从图 7-4 可知，UiO-66 及 HSiW/UiO-66 在表面上没有较大的区别，说明封装硅钨酸

后 UiO-66 结构没有遭到破坏，以上分析表明，UiO-66 材料具有较高的稳定性，与 XRD 和 SEM 分析结果一致。

图 7-3　UiO-66 (a) 及 HSiW/UiO-66 (b)样品的 SEM 图

Figure 7-3　SEM images of UiO-66 (a) and HSiW/UiO-66 (b)

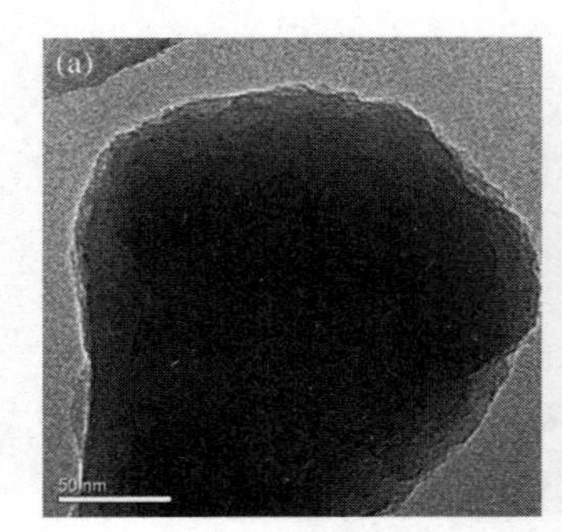

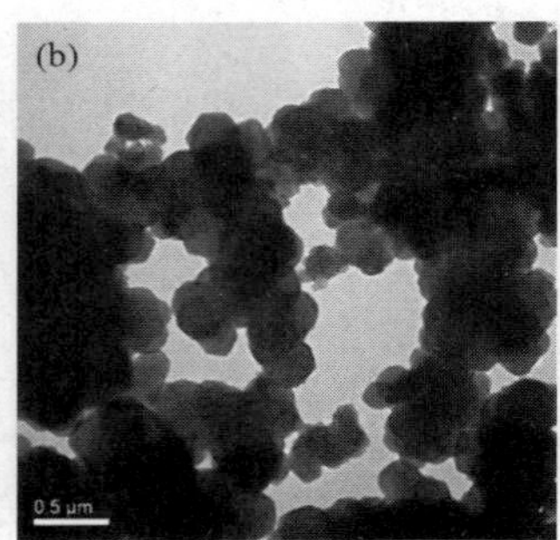

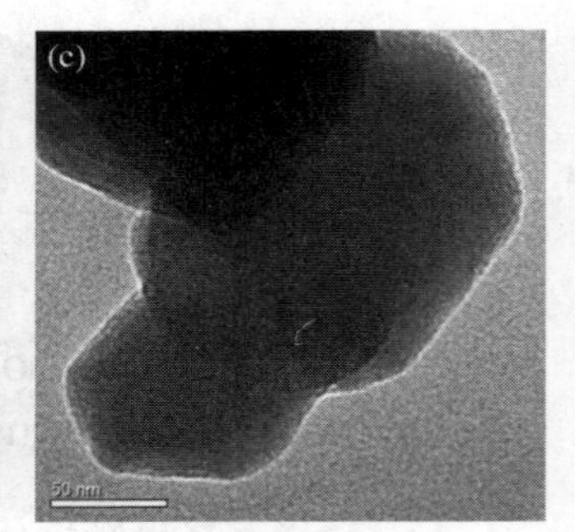

图 7-4　UiO-66 (a) 及 HSiW/UiO-66 (b, c)样品的 TEM 图

Figure 7-4　TEM images of UiO-66 (a) and HSiW/UiO-66 (b, c)

(6) 热重(TG)分析

图 7-5 为 HSiW/UiO-66 催化剂 TG 分析图，从图 7-5 可以看出，HSiW/UiO-66 催化剂在升温过程中存在着两个热分解过程。第一次热分解过程发生在 300℃以下，失重量约为 25%，是由于物理吸附的水分子、催化剂孔间的水分子及溶剂受热蒸发脱附；第二次热分解过程出现在 300～650℃后，失重量约为 26%，这可能由于部分有机配体、硅钨酸 Keggin 型结构及 UiO-66 骨架的分解所致的(Yang，2015)。因此，HSiW/UiO-66 催化剂在高温反应中具有较好的稳定性。

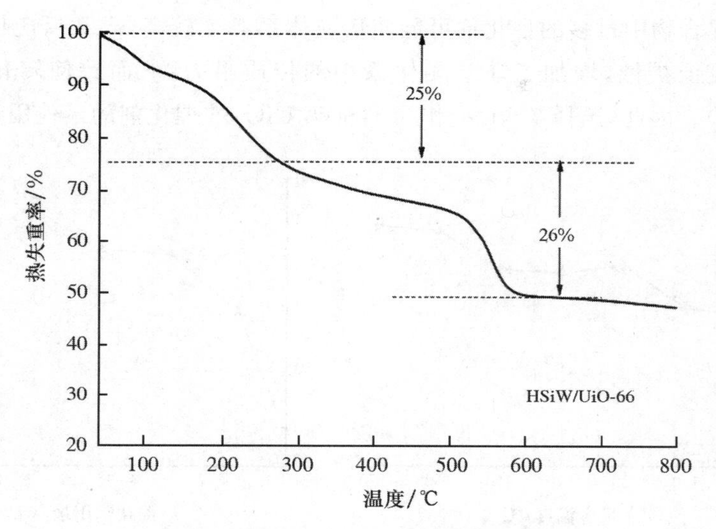

图 7-5 HSiW/UiO-66 催化剂的 TG 图

Figure 7-5 TG curves of HSiW/UiO-66

7.2.3 单因素法优化酯化反应条件

为确定最佳酯化反应条件，通过单因素实验法分别研究了月桂酸与甲醇摩尔比、反应温度、反应时间、催化剂用量等四个变量对月桂酸与甲醇酯化反应的影响。

(1) 反应温度对转化率的影响

在月桂酸与甲醇摩尔比为 1∶20、催化剂用量为 7 wt.％的催化条件下反应 4 h，研究了不同反应温度(110～170℃)对酯化反应转化率的影响，结果见图 7-6(a)。从图 7-6(a)中可知，反应温度为 110～160℃时，月桂酸的转化率由 51.6％增加到 80.5％，继续增加反应温度无明显增加。因此，最佳反应温度为 160℃。

(2) 催化剂用量对转化率的影响

一般情况下，催化剂用量的增多能有效增加活性组分(Alhassan，2015)。在月桂酸与甲醇摩尔比为 1∶20、160℃反应 4 h 的催化条件下，研究了催化剂用量(0～11 wt.％)对酯化反应转化率的影响，结果见图 7-6(b)。由图 7-6(b)可知，随着 HSiW/UiO-66 催化剂的量从 0 增加到 7 wt.％，月桂酸的转化率从 17.6％增加到 80.5％，这种现象可能是由于催化活性位点数量的增加，使反应物更多地附着于活性位点上。然而，继续增加催化剂的用量，月桂酸转化率略有下降，这可能由于非

均相反应混合物中过多的催化剂可能使反应体系黏度较高，导致反应体系中各物质之间的较低扩散，增加了非均相体系中的传质阻力，从而致使转化率的下降(Lee，2015)。因此，选择 7 wt. %作为 HSiW/UiO-66 催化剂的最佳用量。

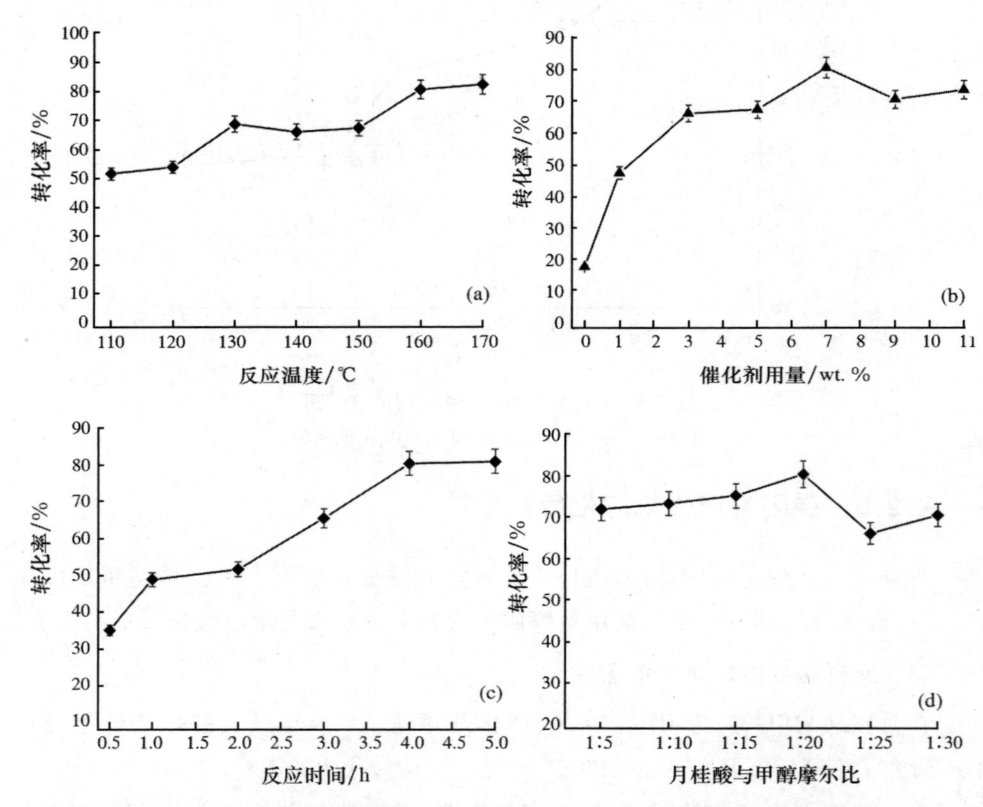

图 7-6　各因素对酯化反应的影响 (a)反应温度对酯化反应的影响；(b)催化剂用量对酯化反应的影响；(c)反应时间对酯化反应的影响；(d) 月桂酸与甲醇摩尔比对酯化反应的影响

Figure 7-6　Methyl laurate conversion affected by various reaction parameters: (a) reaction temperature, (b) catalyst weight, (c) reaction time, and (d) lauric acid to methanol molar ratio

(3) 反应时间对转化率的影响

进行酯化反应时，反应物之间的适当接触程度依赖于所需的反应时间(Sahani，2018)。在 7 wt. %的催化剂用量、反应温度 160℃、月桂酸与甲醇摩尔比为 1∶20 的催化条件下，探讨了反应时间(0.5～5 h)对酯化反应转化率的影响，结

果见图 7-6(c)。由图 7-6(c)可知，随着反应时间的延长，月桂酸转化率逐渐增大。反应时间为 4 h 时，油酸的转化率为 80.5%。在反应时间达到 4 h 后，转化率(81.0%)并无明显变化，由于酯化反应是可逆反应，此时反应可能处于动力学平衡阶段。考虑各方面因素，确定以 HSiW/UiO-66 为催化剂催化的酯化反应的反应时间为 4 h。

(4) 月桂酸与甲醇摩尔比对转化率的影响

在 7 wt.%的催化剂用量、160℃反应 4 h 的催化条件下，分析了月桂酸与甲醇摩尔比(1∶5至 1∶30)对酯化反应转化率的影响，结果见图 7-6(d)。首先，甲醇用量的增加使得月桂酸的转化率逐渐增加；当达到 1∶20 的月桂酸与甲醇摩尔比后，继续提高甲醇在催化体系中的含量，月桂酸转化率稍有下降，这可能是由于过多的甲醇阻碍月桂酸与催化剂活性位的接触，降低了催化反应速率，导致转化率下降(Nongbe,2017)；同时，过量甲醇的使用也导致产品后处理成本的增加。因此，本工作应选择的月桂酸与甲醇摩尔比为 1∶20。

7.2.4 响应曲面设计法优化酯化反应条件

在单因素实验的基础上，根据 Box-Benhnken Design (BBD)中心组合实验原理，运用 Design-Expert 8.0.6 软件优化 HSiW/UiO-66 催化剂催化月桂酸与甲醇的酯化反应。

(1) 实验因素与水平的确定

基于上述实验，以月桂酸的转化率(C)为响应值，以反应时间(X_1)、反应温度(X_2)、催化剂用量(X_3)为自变量，采用三因素三水平的响应面分析法对月桂酸与甲醇的酯化反应工艺条件进行优化。实验因素水平及编码设计见表 7-1。

表 7-1 实验因素水平及编码

Table 7-1 Variables and experimental design levels for response surface

因素	编码	水平		
		−1	0	1
反应时间/h	X_1	3	4	5
反应温度/℃	X_2	150	160	170
催化剂用量/(wt.%)	X_3	3	7	11

(2) 模型的建立与显著性检验

在 Design-Expert 8.0.6 软件上，对 BBD 实验设计进行了分析并插入 5 个中心点，形成 17 组实验，其实验结果见表 7-2。利用 Design-Expert 8.0.6 软件对 BBD 实验结果进行拟合，得到月桂酸转化率响应值(C)对自变量反应时间(X_1)、反应温度(X_2)、催化剂用量(X_3)的多元二次回归方程，如下式：

$$C=79.94+6.73X_1+4.30X_2+3.52X_3-2.45X_1X_2+1.60X_1X_3+3.15X_2X_3-2.57X_1^2-0.32X_2^2-1.62X_3^2$$

表 7-2 RSM Box-Behnken 设计及响应值表

Table 7-2 Experimental and predicted the oleic acid conversion using RSM Box-Behnken design

实验编号	X_1	X_2	X_3	转化率/%	
				实验值	预测值
1	−1	−1	0	63.00	63.74
2	1	−1	0	80.90	82.09
3	−1	1	0	78.10	77.24
4	1	1	0	86.20	85.79
5	−1	0	−1	66.30	66.93
6	1	0	−1	77.00	77.18
7	−1	0	1	71.30	70.78
8	1	0	1	88.40	87.43
9	0	−1	−1	74.70	73.49
10	0	1	−1	75.40	75.79
11	0	−1	1	74.30	74.24
12	0	1	1	87.60	89.14
13	0	0	0	77.90	79.81
14	0	0	0	79.20	79.81
15	0	0	0	81.00	79.81
16	0	0	0	80.20	79.81
17	0	0	0	81.40	79.81

对该模型进行方差分析和显著性检验，结果见表 7-3。由表 7-3 可知，模型 $P<0.0001$，说明该模型具有高度的显著性，失拟项 $P=0.3756>0.05$，说明模型失拟度不显著，复相关系数 $R^2=0.9894$，校正决定系数 R^2adj$=0.9758>0.8$，说明该模型对实验具有良好的拟合度，且回归方程拟合度和可信度较高，能够用来分析和预测 HSiW/UiO-66 催化剂催化月桂酸与甲醇制备生物柴油的转化率。另外，在反应时间、反应温度、催化剂用量 3 个因素中，反应时间的 F 值最大，反应温度其次，催化剂用量最小，说明 3 个因素对油酸转化率的影响顺序为反应时间>反应温度>催化剂用量。表 7-3 中，一次项 X_1、X_2、X_3 和二次项 X_1X_2、X_2X_3、X_1^2 的 $P<0.05$，说明因素显著；二次项 X_1X_3、X_2^2、X_3^2 的 $P>0.05$，说明因素不显著。

表 7-3 回归模型方差分析

Table 7-3 Analysis of ANOVA for response surface second-order model

类型	平方和	自由度	均方	F 值	P	
模型	725.18	9	80.58	34.81	< 0.0001	显著
X_1	361.81	1	361.81	156.32	< 0.0001	
X_2	147.92	1	147.92	63.91	< 0.0001	
X_3	99.40	1	99.40	42.95	0.0003	
X_1X_2	24.01	1	24.01	10.37	0.0146	
X_1X_3	10.24	1	10.24	4.42	0.0735	
X_2X_3	39.69	1	39.69	17.15	0.0043	
X_1^2	27.81	1	27.81	12.02	0.0105	
X_2^2	0.43	1	0.43	0.19	0.6790	
X_3^2	11.05	1	11.05	4.77	0.0652	
残差	16.20	7	2.31			
失拟误差	8.17	3	2.72	1.36	0.3756	不显著
纯误差	8.03	4	2.01			
总误差	741.38	16				

注：R^2pred$=0.8086$，R^2adj$=0.9500$，$R^2=0.9781$；$P\leqslant0.0001$，为高度显著，$P\leqslant0.05$，为显著，$P>0.05$，为不显著。

(3) 响应面分析

通过模型建立不同因素之间相互作用的响应面，见图 7-7。由图 7-7 可知，反应时间、反应温度、催化剂用量三因素对月桂酸酯化反应的影响均比较明显，而且方差分析结果也显示反应时间、反应温度的 P 值均小于 0.0001，催化剂用量的 P 值为 0.0003，表明 3D 响应曲面图与回归模型方差分析一致，且 3 个因素对酯化反应的影响都较为显著。另外，从 3D 响应曲面图中还可发现，反应时间与催化剂用量之间交互作用较小，该结果与表 7-3 中分析一致。

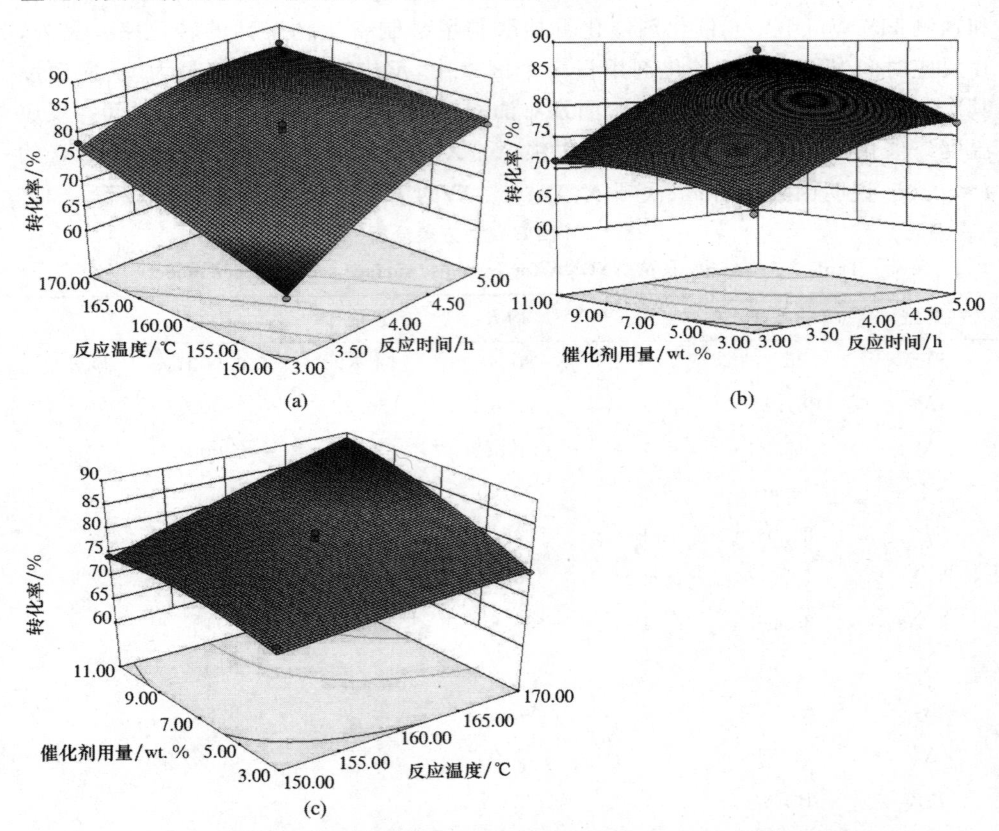

图 7-7　各因素影响月桂酸与甲醇酯化反应转化率的 3D 响应曲面图

Figure 7-7　3-D response surface and contour plot of lauric acid conversion (a) reaction temperature and reaction time, (b) catalyst amount and reaction time, (c) catalyst amount and reaction temperature

(4) 验证性试验

根据模型分析计算可知，得到 HSiW/UiO-66 催化剂催化月桂酸与甲醇酯化反应的最适条件：反应时间为 5 h，反应温度为 170℃，催化剂用量为 11 wt. %，月桂酸的转化率预测最大值为 92.28%。在此实验条件下，对月桂酸与甲醇进行酯

化反应,实验进行 3 次,所得平均转化率 92.8%,与预测值相差较小,进一步验证了响应面实验设计的可靠性,说明通过该模型优化得到的月桂酸与甲醇酯化反应条件准确可靠,具有一定的参考价值。

7.2.5 催化剂重复使用性能研究

在催化剂用量 7 wt. %(油酸的质量百分比)、反应温度 160℃、月桂酸与甲醇摩尔比为 1∶20 的催化条件下反应 4 h,进行酯化反应,反应后通过离心回收催化剂,并用甲醇洗涤后直接用于下一次反应。UiO-66 及 HSiW/UiO-66 催化剂重复使用 6 次评估固体催化剂的重复使用性,其结果见图 7-8 (a)。结果显示,UiO-66 催化剂重复使用 6 次后,月桂酸转化率从 75.0%下降到 38.6%,而 HSiW/UiO-66 催化剂重复使用 6 次后,月桂酸转化率从 80.5%下降到 70.2%,表明 UiO-66 封装 HSiW 后稳定性得到了较好的改善。对新 HSiW/UiO-66 催化剂及回收后的 HSiW/UiO-66 催化剂进行 FT-IR 表征[图 7-8 (b)],由图可知,经 6 次重复使用后回收得到的催化剂与新 HSiW/UiO-66 催化剂的 FT-IR 谱图相似,仅特征峰峰强度有所减弱,表明 HSiW/UiO-66 催化剂多次使用后结构受到一定的损害,但其主体结构仍得到了较好的保留,推测可能由于 HSiW/UiO-66 催化剂中 UiO-66 与 HSiW 间具有较强的相互作用,使催化剂结构的稳定性得到了改善,在反应过程中不易流失。另外,HSiW/UiO-66 催化剂重复使用后,转化率下降了 10%左右,这

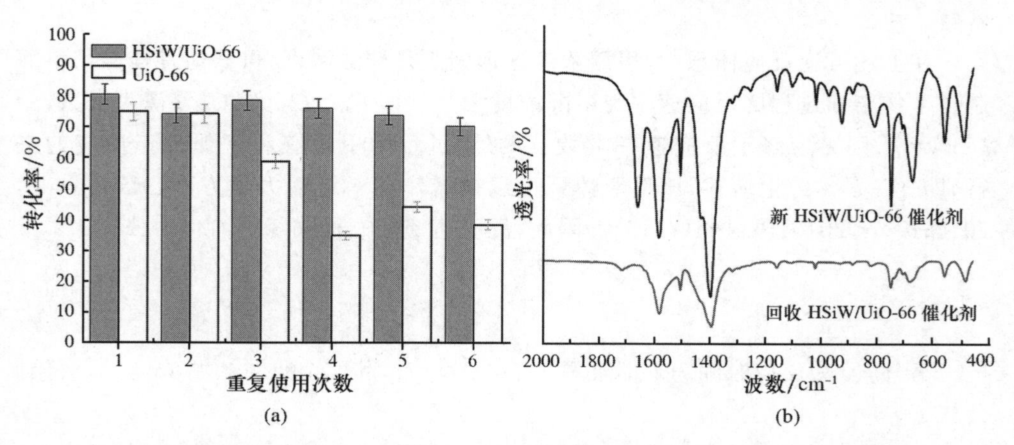

图 7-8 (a) UiO-66 及 HSiW/UiO-66 催化剂的重复使用性;(b)新 HSiW/UiO-66 催化及回收催化剂 FT-IR 谱图

Figure 7-8 Reuse of the UiO-66 and HSiW/UiO-66 catalyst (a); the comparison of FT-IR spectra of fresh catalyst and reused catalyst (b)

可能是由于每次回收催化剂过程中少部分催化剂的损失。基于以上分析，HSiW/UiO-66 催化剂具有良好的稳定性。

7.2.6 动力学研究

为更好地阐释 HSiW/UiO-66 催化剂用于催化月桂酸与甲醇酯化反应具有较好的催化活性，对该酯化反应体系进行了动力学研究。

(1) 动力学模型建立

本实验在 HSiW/UiO-66 催化剂的催化下，选择月桂酸与甲醇酯化反应生成月桂酸甲酯和水的反应体系建立动力学模型。其反应方程式如下：

$$a\,\text{月桂酸(A)}+b\,\text{甲醇(B)} \rightleftharpoons c\,\text{月桂酸甲酯(C)} + d\,\text{水(D)} \quad ①$$

$$a\,\mathrm{A} + b\,\mathrm{B} \rightleftharpoons c\,\mathrm{C} + d\,\mathrm{D} \quad ②$$

反应速率如方程式如：

$$r = -\frac{\mathrm{d}C_A}{\mathrm{d}t} = k'C_A^a - k''C_C^cC_D^d \quad ③$$

式中：C_A、C_B、C_C、C_D为反应物（月桂酸、甲醇）和产物（月桂酸甲酯、水）的浓度；a、b、c、d 为相应反应物和产物的级数；k'、k''为酯化反应正反应、逆反应的反应速率常数。

在上述可逆反应体系中，甲醇浓度远远大于月桂酸浓度，可认为月桂酸与甲醇制备生物柴油过程的反应速率与甲醇浓度无关。即 $C_B \gg C_A$，$k'\ C_B^b$可视为常数，令 $k'\ C_B^b = k$，则 k 为修正反应速率常数。另外，过量的甲醇有利于促进正反应的进行，即 $k' \gg k''$。综上所述，该反应体系可以被看作拟一级动力学方程（Nandiwale，2014；Kaur，2015；Shalini，2018）。因此，反应速率如方程式③可简化为公式④：

$$-\frac{\mathrm{d}C_A}{\mathrm{d}t} = kC_A \quad ④$$

另外，X 为反应时间为 t 时油酸的转化率，C_{A0}为月桂酸的初始浓度。可得到公式⑤：

$$C_A = C_{A0}(1-X) \quad ⑤$$

由式④和式⑤，得

$$-\ln(1-X) = k\mathrm{t} \quad ⑥$$

根据阿伦尼乌斯方程,反应动力学常数 k 与反应温度之间的关系如式:

$$\ln k = -E_a/RT + \ln A \quad ⑦$$

式中:R 为理想气体常数;T 为反应温度;A 为指前因子;E_a为活化能。

(2) 动力学参数测定

通过对 HSiW/UiO-66 催化的月桂酸与甲醇酯化反应进行动力学研究,酯化反应条件为:不同反应温度(140℃、150℃、160℃),不同反应时间 (0.5 h、1 h、2 h、3 h、4 h、5 h),月桂酸与甲醇摩尔比为 1∶20,催化剂用量为 7 wt. %,如图 7-9 所示。

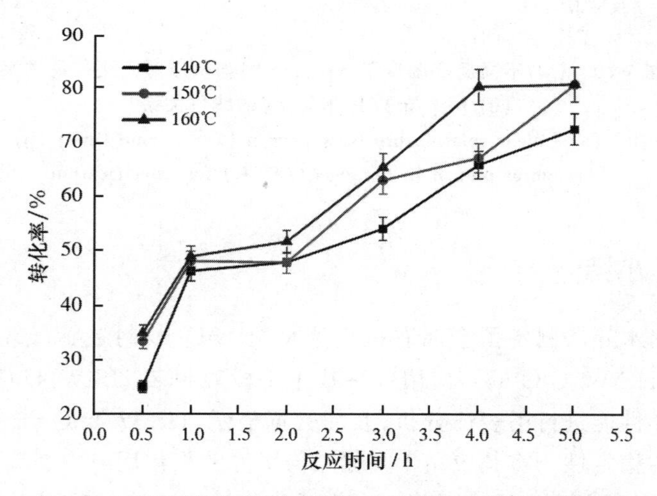

图 7-9 不同反应温度下月桂酸转化率与反应时间的关系

Figure 7-9 Esterification of lauric acid with methanol over HSiW/UiO-66 nanocatalyst at different reaction temperature

基于图 7-9 的结果及方程式⑥,用 Origin 软件以 $-\ln(1-X)$ 对反应时间 t 作图,进行线性回归得直线,见图 7-10 (a)。根据图 7-10 (a)的结果,可以得到相应的速率常数 k 值及 R^2 值。从得到的数据可知,随着反应温度的增加,酯化反应速率常数(k)也在随之增加,且月桂酸与甲醇的酯化反应符合拟一级动力学模型。

根据求得的速率常数 k 值及方程式⑦,用 Origin 软件以 $\ln k$ 对反应时间 $1/T$ 作图,进行线性回归得直线,结果见图 7-10(b)。由直线的斜率求得该反应体系所需活化能为 27.5 kJ/mol,表明本实验测得的活化能较低。依据以前的文献报道(Brahmkhatri,2011;Patel,2013),活化能大于 15 kJ/mol,表明该反应由化学步骤决定。因此,本工作中月桂酸与甲醇的酯化反应受化学反应控制。

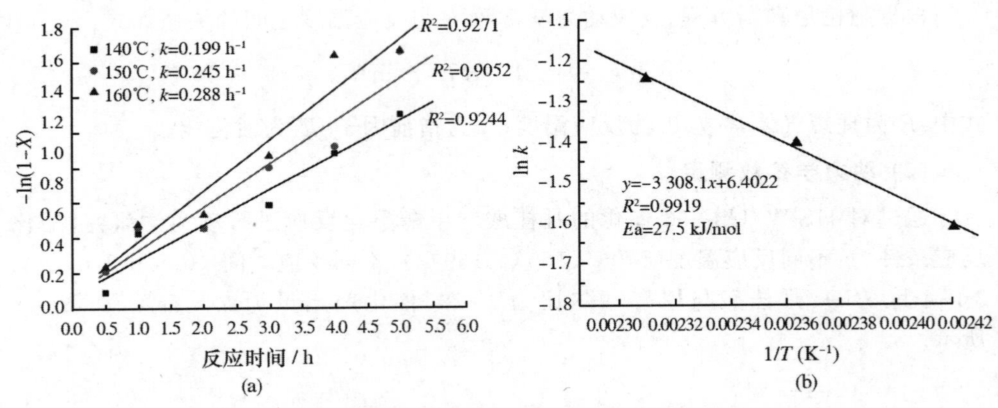

图 7-10 (a) 不同反应温度下$-\ln(1-X)$与反应时间之间的关系；(b) $\ln k$ 与 $1/T$ (K)之间的线性关系

Figure 7-10 (a) Linear relationship between $-\ln(1-X)$ and time; (b) the linear Arrhenius plot of $\ln k$ versus $1/T$ (K) for esterification

7.2.7 小结

采用一锅水热法制备了金属有机框架材料 UiO-66 封装 Keggin 型硅钨酸复合催化材料(HSiW/UiO-66),应用各种技术手段对封装 HSiW/UiO-66 复合催化剂的物理化学性能进行了表征分析,表征数据显示,HSiW/UiO-66 具有大的比表面积及较高的稳定性。将其应用于月桂酸与甲醇的酯化反应中展现出较好的催化性能,通过单因素实验法及响应面法优化了酯化反应工艺,结果显示,单因素法优化各因素后月桂酸转化率为 80.5%,经响应面法优化后最佳条件下月桂酸转化率达 92.8%。HSiW/UiO-66 催化剂在重复使用 6 次后转化率仅下降了 10.3%,表明该催化剂具有较好的重复使用性。最后,经对 HSiW/UiO-66 催化剂催化月桂酸与甲醇的酯化反应的动力学研究发现,所需的活化能(27.5 kJ/mol)相较已报道的催化剂更低,表明催化剂具有较好的催化效果。

参考文献

[1] Fujie K, Kitagawa H. Ionic liquid transported into metal-organic frameworks [J]. *Coordination Chemistry Reviews*, 2016, 307: 382-390.

[2] Wang K, Feng D, Liu T F, et al. A series of highly stable mesoporous metalloporphyrin Fe-MOFs [J]. *Journal of the American Chemical Society*, 2014, 136(40): 13983-13986.

[3] Yaghi O M, Li G, Li H. Selective binding and removal of guests in a microporous metal-organic [J]. *Nature*, 1995, 378(6558): 703-706.

[4] Li H, Eddaoudi M, O'Keeffe M, et al. Design and synthesis of an exceptionally stable and highly porous metal-organic framework [J]. *Nature*, 1999, 402 (6759): 276-279.

[5] Férey G, Mellotdraznieks C, Serre C, et al. A chromium terephthalate-based solid with unusually large pore volumes and surface area [J]. *Science*, 2005, 309 (5743): 2040-2042.

[6] Wang B, Côté A P, Furukawa H, et al. Colossal cages in zeolitic imidazolate frameworks as selective carbon dioxide reservoirs [J]. *Nature*, 2008, 453(7192): 207-211.

[7] Shen K, Zhang L, Chen X, et al. Ordered macro-microporous metal-organic framework single crystals [J]. *Science*, 2018, 359(6372): 206-210.

[8] Zhang Q Y, Yang T T, Liu X F, et al. Heteropoly acid-encapsulated metal-organic frameworks as a stable and highly efficient nanocatalyst for esterification reaction [J]. *RSC Advances*, 2019a, 9: 16357-16365.

[9] Wee L H, Bajpe S R, Janssens N, et al. Convenient synthesis of $Cu_3(BTC)_2$ encapsulated Keggin heteropolyacid nanomaterial for application in catalysis [J]. *Chemical Communication*, 2009, 46: 8186-8188.

[10] Kandiah M, Nilsen M H, Usseglio Jakobsen S S, et al. Synthesis and stability of tagged UiO-66 Zr-MOFs [J]. *Chemistry of Materials*, 2010, 22: 6632-6640.

[11] Parida K M, Mallick S. Silicotungstic acid supported zirconia: An effective catalyst for esterification reaction [J]. *Journal of Molecular Catalysis A: Chemical*, 2007, 275: 77-83.

[12] Tang J, Dong W J, Wang G, et al. Efficient molybdenum (VI) modified Zr-MOF catalysts for epoxidation of olefins [J]. *RSC Advances*, 2014, 4: 42977-42982.

[13] Yang X L, Qiao L M, Dai W L. Phosphotungstic acid encapsulated in metal-organic framework UiO-66: An effective catalyst for the selective oxidation of

cyclopentene to glutaraldehyde [J]. *Microporous and Mesoporous Materials*, 2015, 211: 73-81.

[14] Alhassan F H, Rashid U, Yunus R, et al. Synthesis of ferric-manganese doped tungstated zirconia nanoparticles as heterogeneous solid superacid catalyst for biodiesel production from waste cooking oil [J]. *International Journal of Hydrogen Energy*, 2015, 12: 987-994.

[15] Lee S L, Wong Y C, Tan Y P, et al. Transesterification of palm oil to biodiesel by using waste obtuse horn shell-derived CaO catalyst [J]. *Energy Conversion and Management*, 2015, 93: 282-288.

[16] Sahani S, Banerjee S, Sharma Y C. Study of "co-solvent effect" on production of biodiesel from *Schleichera Oleosa* oil using a mixed metal oxide as a potential catalyst [J]. *Journal of the Taiwan Institute of Chemical Engineers*, 2018, 86: 42-56.

[17] Nongbe M C, Ekou T, Ekou L, et al. Biodiesel production from palm oil using sulfonated graphene catalyst [J]. *Renewable Energy*, 2017, 106: 135-141.

[18] Nandiwale K Y, Bokade V V. Process optimization by response surface methodology and kinetic modeling for synthesis of methyl oleate biodiesel over $H_3PW_{12}O_{40}$ anchored montmorillonite K10 [J]. *Industrial and Engineering Chemistry Research*, 2014, 53: 18690-18698.

[19] Kaur N, Ali A. Preparation and application of Ce/ZrO_2-TiO_2/SO_4^{2-} as solid catalyst for the esterification of fatty acids [J]. *Renewable Energy*, 2015, 81: 421-431.

[20] Shalini S, Chandra S Y. Economically viable production of biodiesel using a novel heterogeneous catalyst: Kinetic and thermodynamic investigations [J]. *Energy Conversion and Management*, 2018, 171: 969-983.

[21] Brahmkhatri V, Patel A. 12-tungstophosphoric acid anchored to SBA-15: an efficient, environmentally benign reusable catalyst for biodiesel production by esterification of free fatty acids [J]. *Applied Catalysis A: General*, 2011, 403: 161-172.

[22] Patel A, Brahmkhatri V. Kinetic study of oleic acid esterification over 12-tungstophosphoric acid catalyst anchored to different mesoporous silica supports [J]. *Fuel Processing Technology*, 2013, 113: 141-149.

7.3 Cu-BTC 封装 Keggin 型磷钼酸的制备及催化性能研究

上一节中我们采用一锅水热法制备出 H_3PMo/Fe-BTC 催化材料，虽然取得了较好的结果，但该材料在酯化反应中活性较低。为此，本小节通过同样的方法制备了金属有机框架材料 Cu-BTC 封装 Keggin 型 H_3PMo 复合催化材料，应用 XRD、FT-IR、N_2-吸附脱附、SEM、TEM、TG 及 NH_3-TPD 等技术手段对封装 H_3PMo/Fe-BTC 复合催化剂的结构和表面进行了表征分析，并将其用于油酸与甲醇的酯化反应合成生物柴油，系统研究了油酸与甲醇摩尔比、催化剂用量、反应时间及温度对酯化反应的影响，对催化剂的稳定性也进行了评价；最后，对 H_3PMo/Cu-BTC 复合催化剂催化的酯化反应动力学也进行了研究（Zhang，2019b）。

7.3.1 H_3PMo/Cu-BTC 催化剂的制备

称取 1.21 g 三水硝酸铜和 0.8 g H_3PMo 溶于 10 mL 去离子水中室温搅拌 1 h，随后加入 8 mL 均苯三甲酸（0.58 g）乙醇溶液，室温继续搅拌 1 h 后转至水热反应釜 120℃水热 6 h。反应结束后高压水热釜冷却至室温后离心收集样品，并用热乙醇洗涤数次，得到的样品于 60℃ 干燥 24 h 后干燥器保存，标记为 H_3PMo/Cu-BTC。为了对比，未加 H_3PMo 的空白样品在同样的方法下进行制备，标记为 Cu-BTC。另外，制备的催化剂在使用前须在 120℃下干燥 2 h。

7.3.2 催化剂表征

（1）X-射线粉末衍射（XRD）分析

图 7-11 (a)为 Cu-BTC 及 H_3PMo/Cu-BTC 催化剂 XRD 谱图。依照以前的研究结果，纯 H_3PMo 在衍射角 2θ 为 7.6°、25.9°、28.0°处可观察到其特征吸收峰，可归属为 Keggin 型阴离子的体心立方二级结构的特征衍射峰。对于 Cu-BTC 催化剂，其 XRD 谱图与文献报道一致（Yang，2015），表明成功地合成了 Cu-BTC 材料。当引入 H_3PMo 到 Cu-BTC 骨架后，H_3PMo/Cu-BTC 催化剂在 2θ 处出现了与 Cu-BTC 相似的特征衍射峰，说明其 Cu-BTC 骨架结构具有较高的稳定性

（Yang，2013）；另外，H_3PMo/Cu-BTC 催化剂的 XRD 谱图没有表现出明显的 H_3PMo 特征衍射峰，表明 H_3PMo 较好地分散于 Cu-BTC 骨架结构中（Yang，2017）。基于以上分析，可推测硅 H_3PMo 成功封装于 Cu-BTC 载体材料的笼状结构里。

（2）傅里叶红外光谱（FT-IR）分析

图 7-11（b）为 H_3PMo、Cu-BTC 及 H_3PMo/Cu-BTC 催化剂的 FT-IR 谱图。H_3PMo 及 H_3PMo/Cu-BTC 催化剂均在 700～1100 cm^{-1} 出现了典型的 Keggin 型结构特征峰。另外，H_3PMo/Cu-BTC 的 FT-IR 谱图与 Cu-BTC 相似，表明 H_3PMo 的引入没有改变载体 Cu-BTC 材料的骨架结构。以上结果说明 H_3PMo 是成功封装于 Cu-BTC 骨架材料，且 Cu-BTC 骨架结构表现出较高的稳定性。

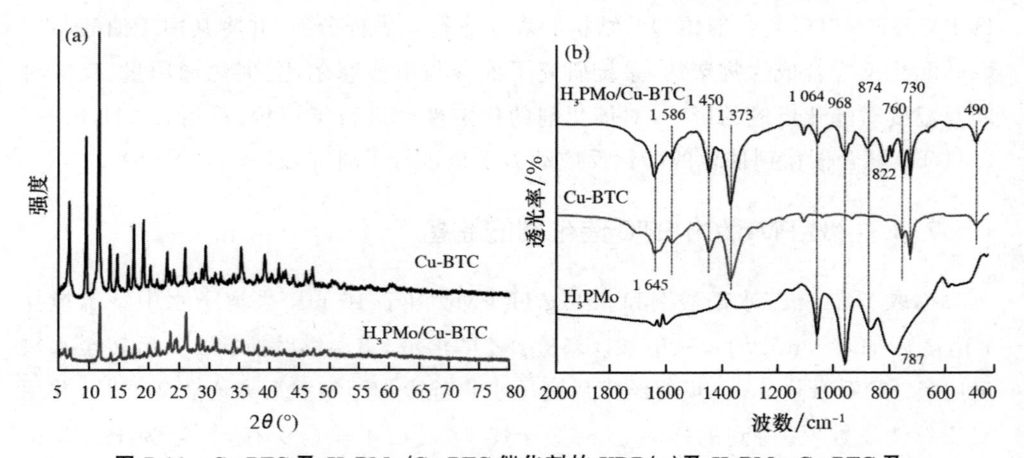

图 7-11 Cu-BTC 及 H_3PMo/Cu-BTC 催化剂的 XRD(a)及 H_3PMo、Cu-BTC 及 H_3PMo/Cu-BTC 催化剂的 FT-IR(b)谱图

Figure 7-11 Power XRD patterns (a), and FT-IR spectra (b) of H_3PMo、Cu-BTC 及 H_3PMo/Cu-BTC

（3）N_2-吸附脱附分析

图 7-12 为 Cu-BTC 及 H_3PMo/Cu-BTC 样品的 N_2-吸附脱附等温线。由图 7-12 可知，Cu-BTC 及 H_3PMo/Cu-BTC 具有相似的 N_2-等温吸附—脱附曲线，属于 IV 型回滞环，表明存在介孔结构。另外，Cu-BTC 的比表面积、孔体积、平均孔径分别为1780 m^2/g、0.587 cm^3/g、3.9 nm，而 H_3PMo/Cu-BTC 的比表面积、孔体积、平均孔径分别为 289 m^2/g、0.255 cm^3/g、3.7 nm，发生这种现象可能是由于 H_3PMo 的引入占据了 Cu-BTC 部分孔道，证实了 H_3PMo 被封装于 Cu-BTC 材料的笼状结构里，与 XRD 及 FT-IR 分析结果一致。

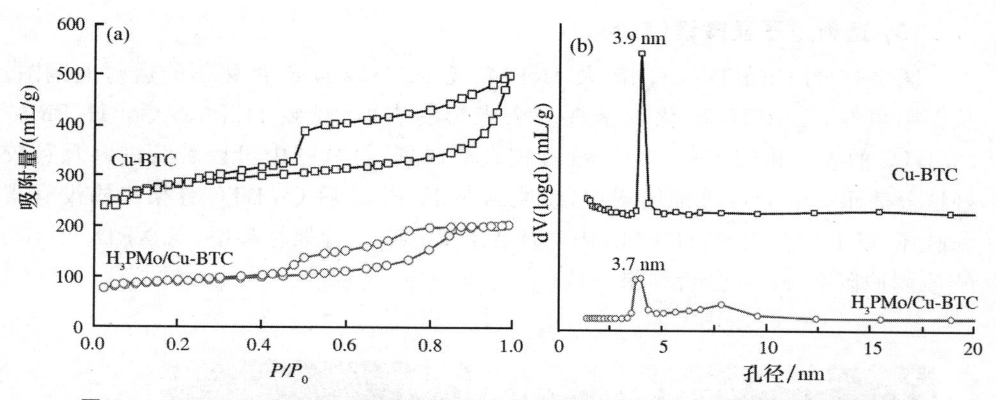

图 7-12 Cu-BTC 及 $H_3PMo/Cu-BTC$ 样品的 N_2-吸附脱附图(a)及孔径分布图(b)

Figure 7-12 N_2 adsorption-desorption isotherm (a) and pore size distributions (b) of Cu-BTC and $H_3PMo/Cu-BTC$

(4) 扫描电子显微镜(SEM)

图 7-13 为 Cu-BTC (a)及 $H_3PMo/Cu-BTC$ (b)催化剂的 SEM 图。从图 7-13 中可知,Cu-BTC 的 SEM 谱图展示典型的八面体表面。对比 $H_3PMo/Cu-BTC$ 催化剂的 SEM 谱图可以发现,$H_3PMo/Cu-BTC$ 晶体的表面及尺寸没有发生明显的变化,但部分晶体颗粒表现为截断的八面体。这可能是由于在封装 H_3PMo 的过程中,对 Cu-BTC 晶体的生长造成了一定的影响,导致其复合材料的结晶度存在一定的缺陷,文献中也有相似的报道(Li,2017)。

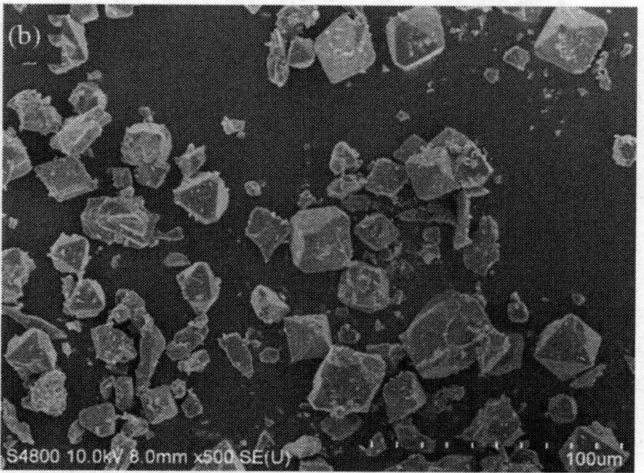

图 7-13 Cu-BTC (a)及 $H_3PMo/Cu-BTC$ (b)样品的 SEM 图

Figure 7-13 SEM images of Cu-BTC (a) and $H_3PMo/Cu-BTC$ (b)

(5) 透射电子显微镜(TEM)

图 7-14 为 Cu-BTC (a, b) 及 H_3PMo/Cu-BTC (c, d)催化剂的透射电镜图。从图中可知,Cu-BTC 催化剂呈现一个光滑的表面,封装 H_3PMo 后, H_3PMo/Cu-BTC 的表面相较于 Cu-BTC 没有较大的区别,且从图中可以看到许多颗粒较好地分散于 Cu-BTC 骨架结构中,说明封装 H_3PMo 后 Cu-BTC 骨架结构没有遭到破坏,以上分析表明,H_3PMo 成功封装于 Cu-BTC 骨架材料中,与 XRD、FTIR、N_2吸附脱附和 SEM 分析结果一致。

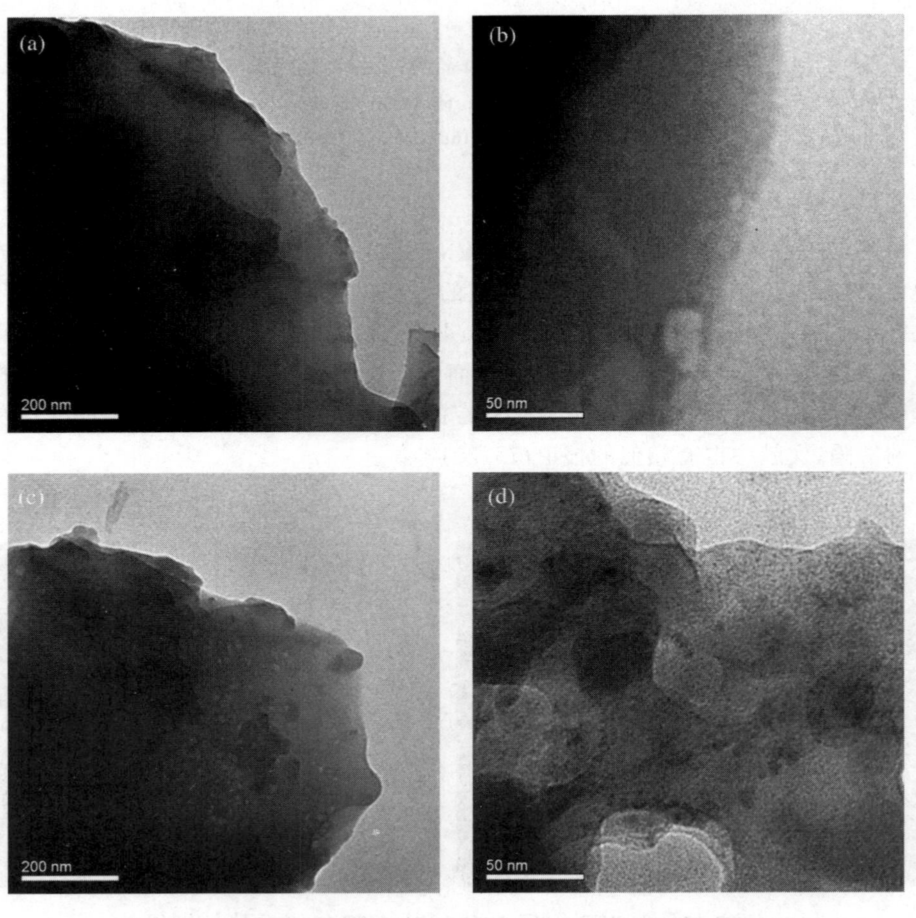

图 7-14　Cu-BTC (a, b)及 H_3PMo/Cu-BTC (c, d)样品的 TEM 图

Figure 7-14　TEM images of Cu-BTC (a, b) and H_3PMo/Cu-BTC (c, d)

(6) 热重(TG)分析

图 7-15 (a)为 $H_3PMo/Cu\text{-}BTC$ 催化剂 TG 分析图,从图 7-15 (a)可以看出,$H_3PMo/Cu\text{-}BTC$ 催化剂在升温过程中存在着两个热分解过程。第一次热分解过程发生在 300℃以下,失重量约为 18%,是由于物理吸附水、催化剂孔间的水分子及溶剂受热蒸发脱附;第二次热分解过程出现在 300~800℃后,失重量约为 33%,这可能由于复合催化剂结构的坍塌及 Cu-BTC 骨架的分解所致。因此,$H_3PMo/Cu\text{-}BTC$ 催化剂在催化高温酯化反应过程中具有较好的稳定性。

(7) 氨气程序升温脱附(NH_3-TPD)分析

图 7-15 (b)为 $H_3PMo/Cu\text{-}BTC$ 复合固体酸催化剂的 NH_3-TPD 谱图。从图 7-15 可知,该催化剂在 89℃展现了一个强的吸收峰,表明存在弱酸性位,展现了较高的 NH_3 脱附量(1.5 mmol/g)。由此可知,$H_3PMo/Cu\text{-}BTC$ 催化剂具有相对高的酸性。

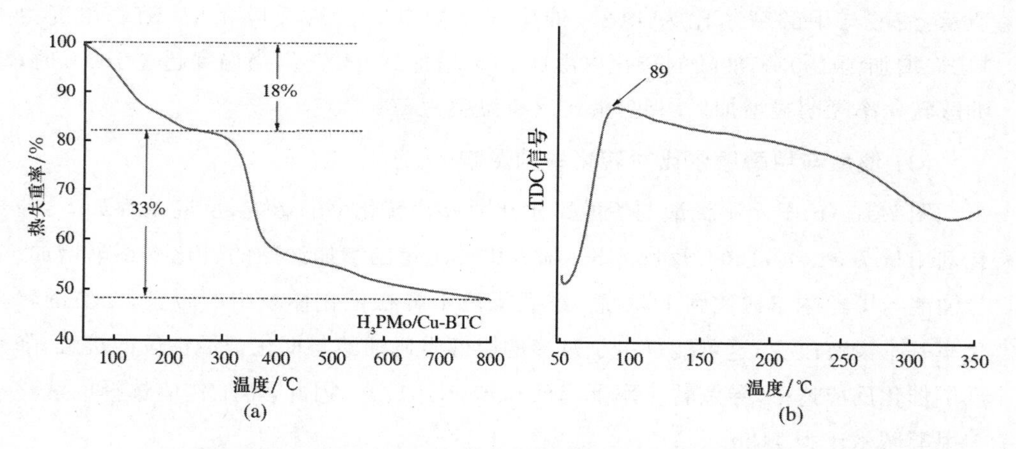

图 7-15 $H_3PMo/Cu\text{-}BTC$ 催化剂的 TG 图(a)及 NH_3-TPD(b)

Figure 7-15 TG curves (a) and NH_3-TPD patterns (b) of the $H_3PMo/Cu\text{-}BTC$ solid catalysts

7.3.3 反应条件对油酸甲酯转化率的影响

为确定最佳酯化反应条件,通过单因素实验法研究了油酸与甲醇摩尔比、反应温度、反应时间、催化剂用量 4 个变量对酯化反应的影响。

(1) 催化剂用量对转化率的影响

图 7-16 (a)显示了催化剂用量对油酸与甲醇酯化反应转化率的影响,反应条

件如下所示：油酸与甲醇摩尔比为1∶20、160℃反应4 h。当催化剂用量由0.5 wt.%增加到7 wt.%时，油酸的转化率由74.3%增加到93.7%，这是因为增加催化剂的用量，就能提供更多的活性中心，也就更有利于与大量反应物的接近(Wu，2014)。在催化剂用量增为11 wt.%时，油酸的转化率略有下降，这主要考虑到过多的催化剂可能阻碍了反应的传质作用。因此，选择7 wt.%作为H_3PMo/Cu-BTC催化剂的最佳用量。

(2) 反应温度对转化率的影响

根据阿伦尼乌斯方程，对于吸热反应，反应温度与反应速率常数呈正相关关系，说明反应速率会随着反应温度的增加而随之增加。本小节中油酸与甲醇的酯化反应属于吸热反应，因此该反应体系的反应速率也应随着温度的增加而增加。图7-16 (b)显示了反应温度对油酸与甲醇酯化反应转化率的影响，反应条件如下所示：油酸与甲醇摩尔比为1∶20、催化剂用量7 wt.%，反应4 h。随着温度由110℃增加到160℃，油酸的转化率由39.1%增加到93.7%，当温度超过160℃时，油酸转化率无明显增加。因此，最佳反应温度为160℃。

(3) 油酸与甲醇摩尔比对转化率的影响

图7-16 (c)显示了油酸与甲醇摩尔比对酯化转化率的影响，反应条件如下：催化剂用量7 wt.%，160℃反应4 h。随着甲醇用量的增加油酸的转化率逐渐增加；当油酸与甲醇摩尔比达到1∶20后，继续提高甲醇在催化体系中的含量，油酸的转化率基本没有改变，这可能是由于过多的甲醇阻碍油酸与催化剂活性位的接触，降低了催化反应速率，导致转化率下降(Encinar，2012)。因此，本工作应选择的油酸与甲醇摩尔比为1∶20。

(4) 反应时间对转化率的影响

图7-16 (d)显示了反应时间对油酸与甲醇酯化反应转化率的影响，反应条件如下：催化剂用量7 wt.%、反应温度160℃、油酸与甲醇摩尔比为1∶20。在0.5～4 h内，油酸转化率随着反应时间的增加而呈线性增加，当反应时间延长到5 h时，油酸转化率并没有明显增加，酯化反应趋于平衡。因此，酯化反应的最佳反应时间为4 h。

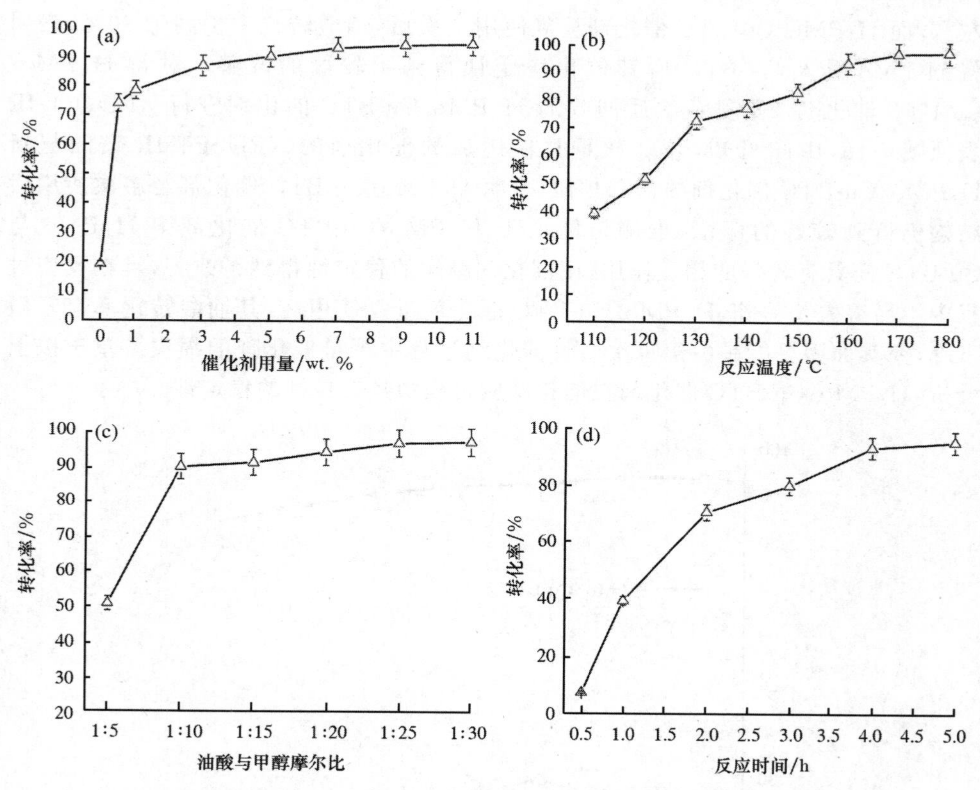

图 7-16 各因素对酯化反应的影响 (a)反应温度对酯化反应的影响;(b)催化剂用量对酯化反应的影响;(c)反应时间对酯化反应的影响;(d)油酸与甲醇摩尔比对酯化反应的影响

Figure 7-16 Influence of esterification process parameters on conversion. (a) reaction temperature (b) catalyst dosage (c) reaction time (d) oleic acid to methanol molar ratio

7.3.4 催化剂重复使用性能研究

对于固体酸催化剂来说,催化剂重复使用性是重要评价指标之一。在油酸与甲醇摩尔比为 1:20、催化剂用量 7 wt. %、反应温度 160℃反应 4 h 的条件下,考察了 Cu-BTC 及 H_3PMo/Cu-BTC 催化剂的重复使用性,每次反应完分离出的催化剂直接投入下一次反应体系。图 7-17 列出了两个催化剂反应 7 次及 4 次的催化结果。结果显示,Cu-BTC 催化剂重复使用 4 次后,油酸转化率 4 次都维持在 20%

左右，而 H_3PMo/Cu-BTC 催化剂重复使用 7 次后，油酸转化率仍高于 80%，表明将 H_3PMo 引入 Cu-BTC 后其催化稳定性得到了较好的改善。对新 H_3PMo/Cu-BTC 催化剂及重复 7 次后回收的 H_3PMo/Cu-BTC 催化剂进行 XRD、FT-IR 表征图 7-18，由图可知，经 7 次重复使用后的催化剂的 XRD、FT-IR 谱图与新 H_3PMo/Cu-BTC 催化剂的谱图相似，表明 H_3PMo/Cu-BTC 催化剂经多次使用后结构仍得到较好的保留，推测可能由于 H_3PMo/Cu-BTC 催化剂中 H_3PMo 与 Cu-BTC 间具有较强的相互作用，使催化剂结构的稳定性得到了改善，且在反应过程中不易流失。另外，H_3PMo/Cu-BTC 催化剂重复使用后，其油酸转化率有轻微下降，究其原因可能是由于每次回收催化剂过程中少量催化剂的损失。基于以上分析，H_3PMo/Cu-BTC 催化剂在催化反应过程中具有良好的稳定性。

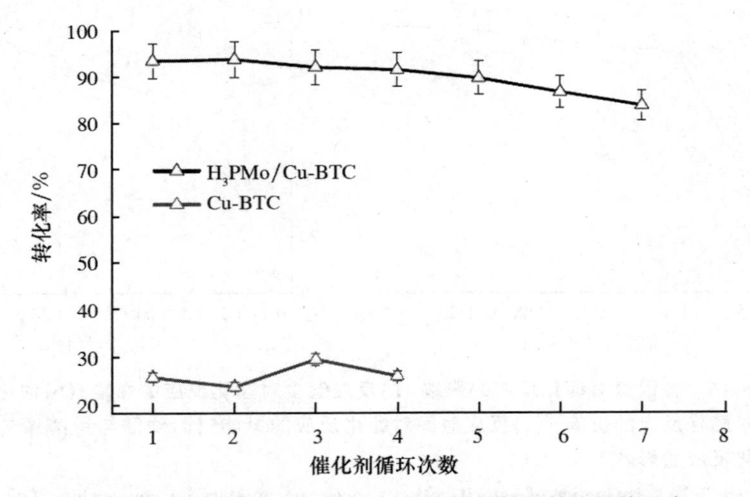

图 7-17　Cu-BTC 及 H_3PMo/Cu-BTC 催化剂的重复使用性研究

Figure 7-17　Reusability study of H_3PMo /Cu-BTC and Cu-BTC catalysts in esterification

7.3.5　动力学研究

(1) 动力学模型建立

本小节对 H_3PMo/Cu-BTC 催化的油酸与甲醇酯化反应体系建立了动力学模型。在油酸与甲醇的可逆反应体系中，甲醇的用量是远远大于油酸的，可认为油酸与甲醇制备生物柴油过程的反应速率与甲醇浓度无关，且过量的甲醇能更好地使反应向正向进行。因此，油酸与甲醇的酯化反应体系可被当作拟一级动力学方程(Nandiwale，2014；Shalini，2018)。相关计算方法同 7.2.5 节。

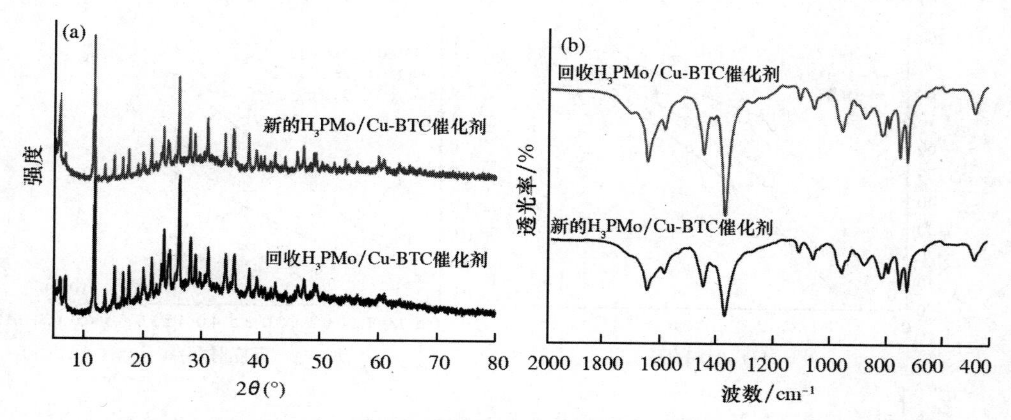

图 7-18 新 H_3PMo/Cu-BTC 催化及回收催化剂的 XRD 谱图(a)及 FT-IR 谱图(b)

Figure 7-18 (a) XRD patterns of fresh and reused catalysts; (b) FT-IR spectra of fresh and reused catalysts

(2) 动力学参数测定

通过 H_3PMo/Cu-BTC 催化油酸与甲醇酯化反应进行反应动力学研究，酯化反应条件为：不同反应温度(140℃、150℃、160℃)，不同反应时间（0.5 h、1 h、2 h、3 h、4 h、5 h)，催化剂用量为 7 wt. %，油酸与甲醇摩尔比为 1∶20。如图 7-19 (a)。

基于图 7-19 (a)的结果，用 Origin 软件以 $-\ln(1-X)$ 对反应时间 t 作图，进行线性回归得直线，见图 7-19 (b)。由图 7-19(c)可知，可得油酸甲酯制备过程的酯化反应速率常数 k 值及 R^2 值，其中可以看出速率常数(k)随着反应温度增加而不断增加，表明油酸与甲醇的酯化反应符合拟一级动力学模型。

根据求得的速率常数 k 值及阿伦尼乌斯方程，用 Origin 软件以 $\ln k$ 对反应时间 $1/T$ (K)作图，结果见图 7-19(c)。从图可以看出，经作图后可得一条线性直线，由直线的斜率可求得该反应体系所需活化能为 37.5 kJ/mol。依据文献报道可知，本节中油酸与甲醇的酯化反应体系的活化能较高，属于化学控制的反应(Brahmkhatri，2011；Patel，2013)。

7.3.6 H_3PMo/Cu-BTC 催化剂在各种酯化反应中的活性

研究了 H_3PMo/Cu-BTC 催化不同碳链长度的脂肪酸与甲醇的酯化反应(表 7-4)。结果显示，月桂酸、豆蔻酸、棕榈酸、硬脂酸与甲醇反应，其转化率均在 80% 以上。由此可以看出，H_3PMo/Fe-BTC 催化剂在不同碳链脂肪酸的酯化反应中表现出高的催化活性，表明 H_3PMo/Cu-BTC 催化剂适用性较强。

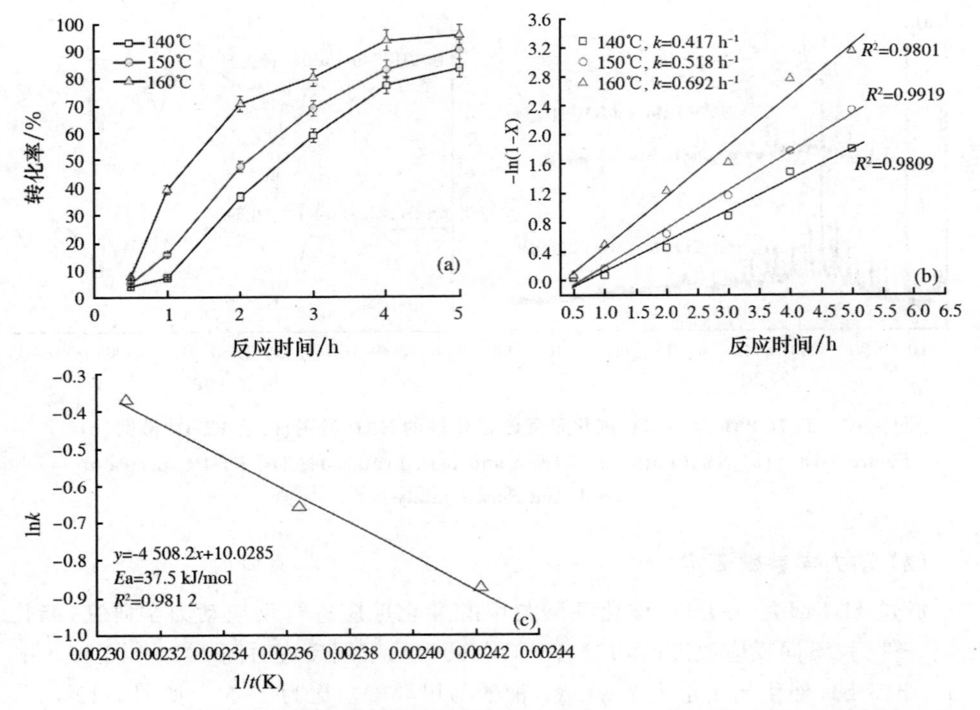

图 7-19 (a)不同反应温度下油酸转化率与反应时间的关系;(b)不同反应温度下$-\ln(1-X)$与反应时间之间的关系;(c) $\ln k$ 与 $1/t$ (K)之间的线性关系

Figure 7-19 (a) Conversion with time at different temperatures; (b) Linear relationship between $-\ln(1-X)$ and time at different reaction temperatures; (c) Arrhenius plot of $\ln k$ versus $1/t$ (K)

表 7-4 H_3PMo/Cu-BTC 催化剂催化各种酯化反应

Table 7-4 Esterification reaction derived from various FFAs over H_3PMo/Cu-BTC catalyst

各种酸	反应条件				转化率
	温度/℃	酸与醇（摩尔比）	催化剂用量	时间/h	
月桂酸	160	1:20	7 wt. %	4	97.9%
豆蔻酸	160	1:20	7 wt. %	4	96.7%
棕榈酸	160	1:20	7 wt. %	4	94.7%
硬脂酸	160	1:20	7 wt. %	4	86.8%
油　酸	160	1:20	7 wt. %	4	93.7%

7.3.7 小结

采用一锅水热法制备出 H_3PMo/Cu-BTC 催化材料，应用各种技术手段对上述 H_3PMo/Cu-BTC 进行了表征分析，表征数据显示，H_3PMo/Cu-BTC 复合催化剂具有介孔结构、较高的比表面积、较高的酸性及稳定性。同时，该复合催化剂对油酸与甲醇酯化反应的催化效果也进行了详细的研究，优化了反应条件，最优转化率为 93.7%。此外，就 H_3PMo/Cu-BTC 在油酸酯化过程进行了重复性能测试，结果表明，该催化剂重复使用 7 次转化率仍可达 80%。最后，对 H_3PMo/Cu-BTC 催化剂催化的酯化反应的动力学进行研究，其所需活化能为 37.5 kJ/mol，表明该反应属于化学控制的反应。

参考文献

[1] Zhang Q Y, Yue C Y, Ao L F, et al. Facile one-pot synthesis of Cu-BTC metal-organic frameworks supported Keggin phosphomolybdic acid for esterification reactions [J]. *Energy Sources, Part A: Recovery, Utilization, and Environmental Effects*, 2019b, doi: 10.1080/15567036.2019.1651794.

[2] Yang X L, Qiao L M, Dai W L. One-pot synthesis of a hierarchical microporous-mesoporous phosphotungstic acid-HKUST-1 catalyst and its application in the selective oxidation of cyclopentene to glutaraldehyde [J]. *Chinese Journal of Catalysis*, 2015, 36: 1875-1885.

[3] Yang H, Li J, Wang L Y, et al. Exceptional activity for direct synthesis of phenol from benzene over PMoV@MOF with O_2 [J]. *Catalysis Communications*, 2013, 35: 101-104.

[4] Yang X L, Zhang Y. Lyophilization-based synthesis of HKUST-1 encapsulated molybdenyl acetylacetonate nanocrystals: An effective soybean oil epoxidation catalyst [J]. *Catalysis Communications*, 2017, 94: 9-12.

[5] Li H, Lin Z D, Zhou X, et al. Ultrafast room temperature synthesis of novel composites Imi@Cu-BTC with improved stability against moisture [J]. *Chemical Engineering Journal*, 2017, 307: 537-543.

[6] Wu H, Liu Y, Zhang J, et al. In situ reactive extraction of cottonseeds with methyl acetate for biodiesel production using magnetic solid acid catalysts [J].

Bioresource Technology, 2014, 174: 182-189.

[7] Encinar J M, Pardal A, Martinez G. Transesterification of rapeseed oil in subcritical methanol conditions [J]. *Fuel Processing Technology*, 2012, 94: 40-46.

[8] Nandiwale K Y, Bokade V V. Process optimization by response surface methodology and kinetic modeling for synthesis of methyl oleate biodiesel over $H_3PW_{12}O_{40}$ anchored montmorillonite K10 [J]. *Industrial and Engineering Chemistry Research*, 2014, 53: 18690-18698.

[9] Shalini S, Chandra S Y. Economically viable production of biodiesel using a novel heterogeneous catalyst: Kinetic and thermodynamic investigations [J]. *Energy Conversion and Management*, 2018, 171: 969-983.

[10] Brahmkhatri V, Patel A. 12-tungstophosphoric acid anchored to SBA-15: an efficient, environmentally benign reusable catalyst for biodiesel production by esterification of free fatty acids [J]. *Applied Catalysis A: General*, 2011, 403: 161-172.

[11] Patel A, Brahmkhatri V. Kinetic study of oleic acid esterification over 12-tungstophosphoric acid catalyst anchored to different mesoporous silica supports [J]. *Fuel Processing Technology*, 2013, 113: 141-149.

缩略词说明

FAME：fatty acid alkyl ester，脂肪酸甲酯

FFAs：free fatty acids，游离脂肪酸

XRD：X-ray powder diffraction，X 射线衍射分析

FT-IR：fourier transform infrared spectrometer，傅立叶变换红外光谱分析

TG：thermogravimetric，热重分析

SEM：scanning electron microscopy，扫描电镜分析

TEM：transmission electron microscope，透射电镜分析

NH_3-TPD：ammonia temperature programmed desorption，氨气程序升温脱附分析

Brunner-Emmet-Teller surface area，BET 比表面积

MOFs：Metal-Organic Frameworks，金属有机框架物